刘海永

著

一座城的美食风情

中国书籍出版社
China Book Press

图书在版编目（CIP）数据

一座城的美食风情 / 刘海永著 . —北京：中国书籍出版社 , 2018.1
ISBN 978-7-5068-6734-4

Ⅰ . ①一⋯ Ⅱ . ①刘⋯ Ⅲ . ①饮食－文化－开封 Ⅳ . ① TS971.202.613

中国版本图书馆 CIP 数据核字（2018）第 026463 号

一座城的美食风情

刘海永　著

图书策划	牛　超　崔付建	
责任编辑	成晓春	
责任印制	孙马飞　　马　芝	
出版发行	中国书籍出版社	
地　　址	北京市丰台区三路居路 97 号（邮编：100073）	
电　　话	（010）52257143（总编室）（010）52257140（发行部）	
电子邮箱	eo@chinabp.com.cn	
经　　销	全国新华书店	
印　　刷	北京中华儿女印刷厂	
开　　本	710 毫米 ×1000 毫米　1/16	
字　　数	225 千字	
印　　张	12	
版　　次	2018 年 5 月第 1 版　　2019 年 4 月第 2 次印刷	
书　　号	ISBN 978-7-5068-6734-4	
定　　价	42.00 元	

序　言

开封小吃：舌染红尘的文化守望

五味调和：穿越历史的美食小吃

开封小吃源远流长，"烹饪始祖""烹饪之圣"的名相——伊尹就出生在开封杞县。他提出的"五味调和"之说是我国最早的系统烹饪理论，该理论一直被烹饪界严格遵循。北宋在此建都后，百业兴旺、商业发达。那时的开封作为政治经济文化中心，水陆运输交会，南北商贾云集，汴京富丽甲天下，酒楼遍布、食肆林立，餐馆之多、品种之全、食菜之精、技艺之绝、服务之优，实属罕见。开封当时的酒楼，建筑雄伟壮观，装饰富丽堂皇，环境优美典雅。主要为上层顾客服务的称为"正店"，相当于现在的五星级标准。"脚店"的规模次于"正店"，多为特色经营，北食店、南食店、川食店、素食店、馄饨店以及大大小小的酒楼等，星罗棋布。这些小店每家制售的食品种类不多，但是都各具特色。还有一种就是沿街串巷、流动叫卖的零售熟食摊贩，或车推、肩挑、提篮，到处可见。当时开封仅有名的"正店"即有72家之多。《东京梦华录》载："八荒争凑，万国咸通。集四海之珍奇，皆归市易。会寰区之异味，悉在庖厨。"各家饭店的饮食技艺，各有擅长，如：王楼梅花包子、薛家羊饭、曹家肉饼、段家炉物、梅家鹅鸭，以及宋五嫂鱼羹等，皆名震当时，京都第一。《东京梦华录》记载的名馔佳肴和风味小吃就有280多种，明代时设于开封的王府众多、皇族人员云集，是周藩所在地，号称"中原首邑"。《如梦录》称开封 "势若两京"，酒楼、饭店、饭铺与摊贩等依然排门挨户，十分兴旺。

民国时期，开封小吃，中西兼具。每家饭庄，无论大小都是设施齐全，器皿讲究，品种繁多，服务周到，秉承宋代遗风。据开封1931年《社会各业调查统计表》中所载，当时开封有大型饭庄27家，饭馆183家，饭铺324家，西餐馆4家，风味小吃——烧饼油馍铺96家，回族风味食馆——油茶铺9家，酒馆73家，卤肉店30家，茶馆320家。如此发达的饮食业，当时不仅在河南省独一无二，就是在全国同等规模的城市当中也是为数不多的。而开封当时人口仅仅25万左右。开封名厨，集古今经验，取南北精华，尽地方特有，各有擅长，他们在甜、咸、苦、辣、酸五味的基础上，挖掘探讨，不断推陈出新，不断引领吃货们的口味儿。

文化含金量高的舌尖开封

文化离不开名人，美味离不开美食家。开封小吃，与文化名人以及美食家相得益彰。

在电影《大河奔流》中有这样一组画面：李麦站在万福楼临街的阳台上，手握着一条黄河鲤鱼，当着客人的面摔死，然后由厨师烹制成"糖醋软熘鲤鱼焙面"。这道菜是开封传统名菜。如今，开封又一新糖醋软熘鲤鱼焙面已在2007年2月6日被评为河南省第一批非物质文化遗产项目之一。《清稗类钞》称："黄河之鲤甚佳，以开封为最……甘鲜肥嫩，可称珍品。"据孙润田介绍说，糖醋软熘鲤鱼焙面由熘鱼和焙面搭配而成仅有百余年的历史，但两个品种的历史悠久。糖醋软熘鲤鱼是由宋代的宋五嫂鱼羹和煎鱼演变而来，清末采用"软熘"和"烘汁熘"技法，始称糖醋软熘鲤鱼。1901年慈禧太后、光绪皇帝一行从西安取道开封返北京时，路经开封时小住了一段时间，恰好适逢慈禧66岁生日，开封巡抚衙门为她祝寿，才将龙须面与熘鱼搭配，改为焙制。慈禧吃了赞不绝口，说"膳后忘返"；光绪皇帝也以"古都一佳肴"

誉之，随行的太监还写了"熘鱼何处有，中原古汴州"的条幅赐给开封府衙。《开封饮食志》记载：（20世纪）50年代后改为细如发丝的拉面，俗称"龙须面"。

"又一村"饭庄曾是民国时期汴垣"八大名餐厅"之一。1923年，康有为游学汴京，河南军政要员在"又一村"饭庄设宴款待他。名厨黄润生精心烹制"煎扒青鱼头尾"，色泽红亮、香浓鲜嫩，色味俱佳。康有为品尝后，连声称赞，兴致勃发，便以西汉"奇味"——"五侯鲭"为典故，当即泼墨写下了"味烹侯鲭"四个大字赞之。他还在一把折扇上写下"海内存知己"赠给黄润生，题款为"小弟康有为"，对其饭菜赞赏有加。所以，1934年梅兰芳在开封义演时，赈灾委员会会长杜扶东首选"又一村"饭庄的厨师为梅先生"落作"（由饭庄派厨师和堂倌携带做菜的原料、炊具，到机关、团体或私人寓所承办宴席）。听说是为梅先生做菜，老板便选派技艺高超的李春芳前往。李的手艺得到了梅先生的赞许。当时，开封各界人士争相宴请梅先生，而他对宴请仅是应酬，不等宴席结束，便回住处，吃李春芳为他准备的饭菜。李春芳特意给梅兰芳做出了一道菜叫"炒桂花江干"，梅先生吃得非常开心，并问用鸡油炒制是否会更鲜？李春芳说，试试看。试后品尝，果然锦上添花，风味更佳。时人盛传：梅兰芳、李春芳"同台"献艺；艺术家、烹调师"芳名"流传。

哪里有美食家哪里就会有技艺高超的厨师。豫菜大师苏永秀尤精刀工，刀法之妙，已经达到出神入化的境界了，一块方寸大小的五香豆腐干，他能用刀切出近千根牛毛般的细丝。孙好勇在民国时期，多次主持陈静斋、宋哲元等人的家庭宴请。民国时期河南省主席刘茂恩为母亲祝寿，在开封选择名厨，孙好勇被馆业公会推荐，与赵廷良、魏连宾等人前往巩县服务一个月。1946年，在国共黄河归故谈判的时候，周恩来、马歇尔、张治中三人小组到开封视察灾情时，孙好勇受小大饭庄委托，参与接待宴会的服务工作。就连开封的"堂倌"，也是颇有"魏晋风度"，如徐庭壁在禹王台"落作"时，曾让蒋介石帮他抬桌子。还有张少振，当过堂倌，开过西餐馆，其人非常爱干净，围裙洁白，一尘不染，传说冯玉祥见他就施礼，并问："你当个堂倌穿这么干净干啥？"

开封"吃货"多，刺激了开封小吃不断创新。据说在 1958 年饮食原料短缺的时候，开封人凭借着自己的聪明才智，一种简单的用红薯做原料，就可以像变戏法一样制作食品 1030 种，简直破世界吉尼斯纪录。

开封小吃具有很强的地域性，就地取材、制作方便、花样繁多、味感适口，历来受到男女老少的喜爱。经过千年岁月沧桑的发展演变，历久弥新，风味不变。开封小吃具有文化韵味悠长的食品名称，雅俗共赏时令性强的四季风味。开封小吃逐渐被纳入非物质文化遗产名录，对继承中华传统文化和开展地方民俗文化的研究很有意义。开封小吃目前已经是古都开封的一个亮丽名片，它悄悄地拉动了地方经济，蕴含着巨大的经济价值。舌尖上的开封，更是海外游子、寓居外地的豫商寻根溯源的"故乡味道"，因此，去发掘、继承、保护、发展开封风味小吃这珍贵的历史文化遗产，更具有重要的社会价值。

刘海永用三年的时间去系统梳理了近代以来开封美食的文化历史，甚至上溯每一道佳肴的历史渊源，并在汴梁晚报开设《寻味开封》专栏，一直深受读者欢迎，此书的付梓将助推开封"文化 +"工程，把美食文化变成生产力。

是为序。

冯艳英

2017 年 4 月 16 日

一

目

录

一

序　言

◆名师誉满神州◆

◆名店风味独特◆

◆名吃名满天下◆

◆味蕾蕴含乡愁◆

一

一

名师誉满神州

孙可发：清末名厨　誉满神州

近代以来，开封饮食界名家辈出，孙可发可谓大师级人物，曾经受到慈禧太后和光绪皇帝的称赞。其拿手菜是糖醋熘鱼，紫苏肉更是被人津津乐道，驰名神州。

为人正直　口碑良好

孙可发出生于1850年，长垣人。清光绪年间，长垣总人口约30万，在外地当厨师的就有2.5万人左右。孙可发为了糊口，少年时代就背井离乡，跟村里的人外出打工，这样不管挣钱多少，至少可以填饱肚子。经过长期的勤奋学习，孙可发很快就从一个普通的厨师渐渐成长为一个具有管理能力和创新能力的厨师长。大概是从20岁起，他先后在汤阴县、信阳州、开封县衙等衙门管厨。由于他办事干练，乐于助人，在社会上很有口碑，提起他无人不知。他曾创建花井街灶爷庙，被推荐为会首。当时厨师分为衙门派、馆子派、门活派，孙可发属于门活派。清代比较著名的灶爷庙除了花井街这个之外还有两家：豆腐营灶爷庙是老师和徒弟的，财神殿灶爷庙是掌柜的。每家灶爷庙的活动经费来自各个基层大小饭馆，正月初三公布账目。灶爷的生日每年2次，正月初三和八月初三。每当生日那天，全城饮食行业都要歇业，去敬灶爷，或者带上点心或者聘请响器班或者请一台大戏等来表示庆贺。初三这天还要大摆宴席，宴请所有会员，据说都是由门活派执厨。当然，孙可发每年都要忙活几天，为大家服务，请各家厨师品味自己的手艺并诚恳虚心听取他人建议，不断改良厨艺。在这样的大环境下，孙可发的手艺渐成开封城中的翘楚。难怪慈禧辛丑回銮驻跸开封的时候，他被选入"皇差局"主厨。所谓"皇差局"其实就是为皇家办事儿，相当于御厨。

品糖醋熘鱼　慈禧"膳后忘返"

清朝光绪二十七年（1901 年）七月，清政府与西班牙、德国、日本、俄国等十一个帝国主义国家签订了丧权辱国的《辛丑条约》，又处死了一大批主战的王公大臣，满足了帝国主义列强的要求，慈禧太后才从西安返回北京。他们路经开封时小住一段时间，恰好逢慈禧 66 岁生日，开封巡抚衙门为她祝寿。开封府衙派名厨孙可发备膳款待，他在招待慈禧的大宴上，做了道糖醋熘鱼。提起此菜，不用说一般食客了，就连帝后也赞不绝口。

豫菜名菜——糖醋软熘鱼焙面

熘鱼在北宋东京市场上已经流行，时称"醋鱼"，清代发展成糖醋熘鱼带焙面，简称鲤鱼焙面。糖醋熘鱼焙面以鲤鱼为主料，尤以黄河鲤鱼为最。《清稗类钞》中说："黄河之鲤其佳，以开封为最……甘鲜肥嫩，可称珍品。"做好的菜品色泽枣红，软嫩清香。鱼肉嫩如豆腐，鱼体却完整无损。焙面同糖醋熘鱼最初是两道菜，没想到，慈禧和光绪吃后，十分欣赏。光绪说"古都一佳肴"，慈禧则说"膳后忘返"。随行的太监还写了"熘鱼何处有，中原古汴州"的条幅赐给开封府衙，以示表彰。高兴之余，慈禧太后问道："这两种佳肴为什么要分盘而上？"官员回道："先食龙肉，后食龙须。"太后哈哈大笑说："合为一盘，既食龙肉，又尝龙须，岂不更好？"自此"糖醋熘鱼"和"焙面"便合二为一了。此后，熘鱼焙面更加出名了。

后来，袁世凯为了迎合慈禧的欢心，专门在开封选了一批名厨，特意在北京开设了一家"大梁春饭庄"，专营河南风味。京师的一些达官显贵得知"熘鱼何处有，中原古汴州"的诗句之后，纷纷慕名而至，竞相品尝。

因是由软熘鲤鱼和焙面搭配而成，具有糖醋之味，故又称"糖醋软熘鱼焙面"。此菜柿红明亮，甜中带酸，酸中微咸，鲜香软嫩，味美可口，名闻遐迩。

孙氏紫酥肉 "胜似烧烤"

慈禧和光绪是吃中了孙可发做的菜。孙可发为了伺候好他们的胃口，也变着法子使出浑身解数做出拿手菜。

慈禧太后在西安避难时，依然过着纸醉金迷的生活，每顿饭的菜肴仍有100种，鸡鸭鱼肉、燕窝海参，应有尽有。可是，他们自西安回銮北京时，却装模作样地表示要悔过，并立下了一条不成文的规定：沿途各府州衙门在接待慈禧太后和皇帝及随驾大员时，"只送全席一桌，不送烧烤"之类的菜肴。按照清宫的规定和习俗，如果宴席上没有烧烤这类的菜肴，就不能称之为"全席"。所以，各级政府的官员们接到慈禧太后的懿旨以后，感到十分为难：老佛爷明明要官员们"只送全席一桌"，却又要"不送烧烤"，这可如何是好呢？尤其是那些一心想巴结慈禧的地方官员，更是煞费苦心，用尽心思。

当慈禧太后和光绪的銮驾抵达开封府时，开封府的官员们早就接到"只送全席一桌，不送烧烤"的懿旨，急得团团乱转，特别是河南巡抚松寿更是急得抓耳挠腮，不知如何应对：不送烧烤，就不能算是全席呀？应该做些什么菜肴，既能赢得慈禧太后的欢心，又不显得档次低呢？松寿急得没有办法，只好向皇差局的管厨孙可发讨教。孙可发琢磨了半天，忽然想道：开封府一带不是流传着一种称为"紫酥肉"的菜肴吗？

紫苏肉 来源《豫菜诗话》

　　关于紫酥肉，流传着这样一个故事。明成祖朱棣在 1402 年登上大明王朝的皇位以后，为了巩固来之不易的政权，就册封自己的第三个儿子朱高燧为赵王，治所在河南开封。赵王到了开封以后，娶了一个侍妾。这个侍妾十分聪慧，琴棋书画无所不精，但最拿手的还是精通烹饪，备受赵王的宠爱。这个侍妾知道赵王久居北方，最爱吃的是烧烤，于是十分精心地琢磨了一道烧烤菜，献给了赵王。赵王品尝过后，觉得这道烧烤菜与自己平时吃的完全不一样，非常有滋味，就高兴地问道："爱妾，这是什么菜，如此好吃？"这道菜里有一种调料是紫苏，侍妾略一思索，笑着回答："大王，这菜叫紫苏肉。"紫苏是一种叶两面是紫色或者是面青背紫的植物，可以当作药用，叶子具有一种芳香，和肉类煮熟可以增加香味。侍妾在烹饪时用紫苏当作调料，自然会增加菜肴的味道。赵王听了侍妾的介绍，心中更是高兴，从此也就更加宠爱这个侍妾了。赵王还吩咐王府的厨师向侍妾学习"紫苏肉"的做法。后来经王府厨师承袭改进，已不用紫苏，只取其同音，紫酥肉。至于用紫苏做菜，千年前的东京城便开始了，那时市面上有紫苏膏、两熟紫苏鱼等品种售卖。

在清代，官场的宴会程序，只有"敬上"烧烤之后，与宴的人才换喝白酒——在此之前喝绍兴黄酒，同时也向客人预示：宴席即将结束，要上饭菜、面点吃饭了。这才称得起接待"周全"，不失敬意。孙可发把这个"外酥里嫩"，酷似烧烤的"紫酥肉"送上席面，以示既不违背"圣谕"，又符合官场习俗。他是冒着"砸锅"的风险才这样做的。为了保险起见，松寿先请庆亲王奕劻品尝，得到赞扬后，又请其他"随驾大员"品尝，大家一致点赞之后，他这才将"紫酥肉"奉献给了慈禧太后。慈禧太后品尝后赞不绝口，一连说了几个"好吃！"松寿一听，高兴得不知说什么好，立即重赏了孙可发。从此，"紫酥肉"这道菜声名大噪，遂有"胜似烧烤"之誉。当时被废除皇位继承权的"大阿哥"一度躲在了开封八旗会馆，他心情烦闷，借酒浇愁，也不时传唤孙可发，大嚼"紫酥肉"。

紫酥肉又称"小烧烤"，是开封的传统名菜。制作要领：选猪硬肋肉中间的一段（750克）。从中间切成两块，用木炭火把肉皮烤焦，刮去肉皮厚度的2/3。清水洗净，放入汤锅内煮透捞出；再以花椒数粒、葱段10克、姜片15克、酱油、精盐等码味；放在汤盘内上笼蒸熟取出，晾凉后用温油（4～5成热）浸炸，约10分钟捞出；在肉皮上抹一层醋，然后用7～8成热的油将肉皮炸酥。如此反复数次，直到肉皮呈枣红色，切成厚片（约0.2厘米），装在盘内即成。由于在享用此肉时，佐以大葱段、甜面酱、荷叶夹、片火烧，风味尤佳。而这种吃法又与烤鸭相似，所以一直享有"赛烤鸭"之誉。

慈禧和光绪起驾回銮北上的时候，孙可发受河南巡抚衙门的推荐，以商业性质跟随他们到黄河北岸宴请之后才回开封。慈禧一行从来开封到离开开封一共33天，孙可发全程服务。

民国初年，袁世凯登上大总统的宝座之后，清朝的一些遗老遗少们为迎合袁氏，亲自出资在北京天桥附近的香厂开设了富丽堂皇的"新丰楼"菜馆。这个菜馆"楼馆三层、白垩明灯、陈设精美、构造西式"，售卖河南肴馔。就是以"糖醋熘鱼""紫酥肉"等开封菜肴作为招牌菜的。

晚年孙可发在开封鱼池沿开设"家伙铺"，出售炊具和餐具。

豫菜大师赵廷良

赵廷良离开这个世界已经半个世纪了。岁月是把无情的刀，割舍了很多回忆，关于他的一些史料也是零星散落在不多的文章中。他是谁已经不重要了，重要的是他曾经引领过豫菜那个风云时代，经历了开封豫菜可以写入历史的种种重大事件。他是一个里程碑式的人物，开创豫菜的美好时代，培养豫菜的无数传人，弘扬开封饮食文化。他是"国宝级"大师、曾任钓鱼台国宾馆首任总厨师长侯瑞轩的老师。他在开封创造了一个个传奇。

少年离家扎根"又一村"

赵廷良是长垣人，1889 年出生于长垣木锨店村，14 岁的时候就离开家乡来到省城开封学习烹饪。他一入道儿就摊上好地方了，他所在的餐馆当时是省垣名店"又一村"饭庄。这个饭庄始创于 1906 年，其前身是扬州的一个衙门派厨师钱荣升在开封与人合资开设的"座上春饭庄"，专营扬州风味。但因品种特色不适合开封风情，生意十分萧条，维持二年便停业了。1908 年，钱老板凭借一位同乡之力重新集资，在山货店街租赁了一座三进三出的院子，并用高于别家一倍薪金的待遇聘请了当地十几位著名的豫菜厨师及招待、柜先，如柜先赵裕茹、李廷相，灶头陈永顺、王凤彩，案子头刘庚莲，冷盘师朱跃宽，招待赵于振等人，饭庄起名"又一村"，开业伊始，钱老板设宴三日，招待各界名流。"又一村"饭庄很快在开封声名鹊起，达官贵人、社会贤达皆称其座上宾。就是在这样繁盛的大环境下，少年赵廷良开始了他的烹饪生涯，少小离家，在"又一村"一干就是32年。

脍炙人口　誉满烹坛

赵廷良乳名小顺，故人称"赵顺"。早在民国年间就名扬开封古城。他思路敏捷，善于创新，技术好、功夫硬、造诣深。

大家都知道又一新的"软熘鲤鱼带焙面"驰名中外，还上了《舌尖上的中国》，甜中透酸，酸中微咸，三者不可缺一；汁要活翻，色泽明亮，二者不得偏废；肉嫩如豆脑而鱼体完整，焙面如发丝而不紊乱；其色香味形完美颇受美食者的欢迎，堪称中州一绝。殊不知，在民国初年赵廷良老师创制的"干炸鱼带网"（又称"金网锁黄龙"），也是一个娇艳美妙的菜肴，为当时人所推崇。它的形状特点是在鱼体之上附有一层金黄色的蛋丝，而制作的关键则在于炸、浆并举，边浆边淋，使其丝不离鱼，鱼不离丝，肉嫩丝酥。这没有一定的烹饪技艺是难以成功的。虽然食用时大多以"辣酱油"作主要的调味，但是，还可以根据食客的喜好配上酸咸汁、番茄汁、糖醋汁等，其风味十分独特，备受欢迎。

赵廷良创制于20世纪20年代的无黄彩蛋属于河南传统菜，又叫回笼蛋。以鸡蛋清为主要原料，鱿鱼、海参、海米等为配料，装入空蛋壳内蒸制即可，常作宴席冷盘使用。因制作新奇，海鲜味较浓，五颜六色，深受人们欢迎。20世纪30年代，他以玉米天缨的"脆骨"烹制的色泽雅致、形如翡翠的"烧玉骨"投入市场后，享用者无不称奇说"妙"，尤其是他的"炒菜心"更受人青睐。民国年间有个大商人牛六，是他的忠实"粉丝"，见人就夸赵廷良，说："一桌鱼翅席，抵不过赵顺一个炒菜心好！"

赵廷良制作的麻腐菜也十分出名。麻腐菜是由芝麻酱和绿豆粉芡为主要原料制成的，因它软嫩似豆腐，故称麻腐。它是开封的传统名馔，风味别致，独具一格，早在北宋文人的笔下就有记载。《东京梦华录》一书在记述"州桥夜市"的四季饮馔时，"麻腐菜"——麻腐鸡皮，就被列入"夏月"菜肴之首。这与它的滋味鲜美，清凉祛暑的特点不无关系。北宋以来，麻腐菜经过历代不断改进和完善，创制了许多新品种，在开封形成了一个"系列菜肴"，如麻腐广肚、麻腐海参、麻腐鸭片、麻腐菜心、麻腐茭白等，不胜枚举。其中有高档的也有低档的，有荤的也有素的。赵廷良制作的麻腐菜功夫独到，比如他做"麻腐广肚"：先将绿豆粉芡用清水化成糊状，锅内添佐汤，并兑入盐水、姜汁，味精、料酒等佐料，待锅烧开后陆续倒入化好的粉芡，并用手勺不停搅动，直至粉芡透明光润，之后再将锅端离火口，徐徐注入芝麻酱搅匀，盛入汤盘内晾凉，片成大卧刀片，再与发好的广肚片间隔着装入盘内，另外以小麻油、盐水、味精、料酒等调料兑成汁浇上即成。炎热的暑天，三五好友，铺席树荫，把酒叙旧，食清凉可口的麻腐菜，再赋诗高歌，颇有魏晋士人之雅兴。

扒鲭鱼头尾 来源《豫菜诗话》

赵廷良制作的"扒鲭鱼头尾""软熘鲤鱼焙面""狮子头""烹虾仁"等，这些美馔佳肴都是他的拿手菜，脍炙人口、誉满烹坛。赵廷良以菜多路广、烹技多样而著称。扒、烧、爆、炒别具一格。他的菜肴具有"大羹不和贵其质"的突出特点，受到同行和美食家的推崇。

新中国成立前，国民党河南省主席刘茂恩为其母做寿，要挑选名师为其服务。经开封市馆业公会推荐，赵廷良和魏连宾、李成业、孙好勇等一起前往刘茂恩的家乡——巩县服务一个月，烹制宴席千余桌。他所制作的山珍海味、荤素菜肴受到刘茂恩及其宾朋的一致好评。1938年1月，蒋介石在开封南关袁家花园以召开军事会议为名，诱捕韩复榘。接待蒋介石一行的任务落在"又一村"的厨师肩上。"又一村"的赵廷良、苏永秀等几位名厨被河南省政府官员邀请落作，他们被军车接到了禹王台。当时国民党总裁、军事委员会委员长蒋介石及随行的李宗仁、程潜、刘峙、宋哲元等军政要员吃了他们的菜都很满意。

另立门面　合办"又一新"

"又一村"因为有一批优秀的厨师而名震中州。钱荣升老板苦心经营了几十年，创下了坚实的基业。他去世之后，其小舅子开始染指饭庄的事物，不懂经营的他背离了原来的管理方法，使得掌柜、伙计之间矛盾越来越大。于是，赵廷良和赵玉茹、黄润生、苏永秀、赵金峰等20余位厨师、招待和柜先，共同出资，另立门面，在中山路选择营业房，于1945年8月10日开业，店名"又一新"。"又一新"开业5天，日本天皇宣布无条件投降。人们庆贺战争的胜利结束，该饭店门庭若市，很快便独领风骚，赵廷良依然是该店的著名厨师。1953年在接待苏联要员赴豫专家组的服务中，赵廷良多次受到表扬。在1963年开展的"名师名匠"评选活动中，开封市人民政府授予他"名师名匠"称号。

名师出高徒。赵廷良在授徒时，常以原料下油锅的响声，来能判断菜肴的老嫩程度与成功与否。他站在一旁会毫不含糊指出火是大了还是小了。油温高了还是低了，令人心悦诚服。因此，他带出了很多技术精、功夫硬的高徒。除了北京钓鱼台国宾馆总厨师长侯瑞轩之外，中共中央办公厅主厨韩百胜、人民大会堂主厨李天耀以及河南饭店、中州宾馆的主厨宋炳洲、吕长海等都出自他的门下。

    1960年他任教于饮食服务技校后，使他的烹饪技艺得以传播和发扬光大，培养了一批又一批专业技术人才。晚年，他还积极参加了《烹饪技术讲义》的编写工作，为中国烹饪事业的继承、发展和后继有人做出了应有的贡献。

名师誉满神州

宣统皇帝的御厨宋登科

　　如今，在街头随便问起宋登科估计很多人已经不知道他是谁了，在《开封饮食志》和《伊尹与开封饮食文化》等书籍中对他的记载也是简短数行。但如果时光倒流，在民国初年，提起宋登科，不但中国人知道，连外国人——溥仪的英文老师庄士敦也知道。宋登科是宣统皇帝的御厨，他人品好、手艺精，在烹饪实践上，操作严谨，投料定规，刀工、配料巧妙，突出原汁原味。他于20世纪20年代中期至30年代中期一直在开封生活，曾开设"雅北饭庄"，专门经营宫廷御膳，名噪一时。他烹制的熊掌，名震中州。

宋风宋韵的开封小吃待客厅

一把菜刀闯天下

清代，皇帝的御膳房内为皇帝备膳厨师大部分来自清入关之后从"老家"盛京带来的满族厨师，多为世传技术，父传子艺，子承父业，其次是沿袭了明代宫廷留下来的山东厨师，还有一部分则是依帝、后饮食爱好选用的厨师。宋登科来自河南长垣厨师之乡，既不是盛京嫡系，又不是名厨世家，他凭借自己的出色厨艺，一把菜刀闯天下，一步一个脚印，终于成为一代名厨。

宣统皇帝即位没几年就遇到了辛亥革命，民国之后，溥仪仍居住紫禁城后半部，保持着皇帝的尊号，过着逊帝的生活。依旧的奢华，依旧的锦衣玉食。清朝标准御膳，每顿饭有 120 道菜，要摆三张大桌。此外还有主食、点心、果品等。皇帝想吃饭了说一声"传膳"，御膳房就把备好的菜由穿戴齐整的太监们列队抬入养心殿，一共大小七张膳桌，还有几十个绘有金龙的朱漆盒，场面浩大。溥仪当时除点心外，每天吃两顿饭，早饭在 11 点，晚饭在下午 5 点。每顿饭都由御膳房备好四桌菜，每桌二十余件，山珍海味，应有尽有。在御膳房中为溥仪做菜的厨师，最有名的有两位，一位叫郑大水，是福建名厨，原是北京忠信堂炒头火的大师傅；另一位叫宋登科。一般御厨每月工资几十大洋，他们每月工资都在一百大洋以上。

宫廷生活奢靡无度，衣服是大量地做而不穿，饭菜是大量地做而不吃，以宣统二年九月份御膳房所用费用支出折成白银一共有一万四千七百九十四两一钱九分。御膳房耗费如此巨大，而所做饭菜却是"华而不实，费而不惠，营而不养，淡而无味"，因此溥仪决定裁减御膳房厨师，由 1921 年的 200 人减至 37 人。溥仪挑选了当时最有名的两名厨师专为自己做菜，一是郑大水，一是宋登科。他们每天先列出菜单，由溥仪挑选。每顿饭只做几样菜。而且每样菜上都要有他们签名的银牌标记，因为这都是溥仪最喜欢的菜肴，如糟笋、黄焖羊肉、鸭条烩海参、红扒鱼翅、口蘑肥鸭等，皆入此列。这样一是保证饭菜的质量，显掌勺的手艺；二是万一饭菜出了质量问题，追究起来也方便。

宣统皇帝特别喜欢宋登科做的红烧鲑鱼，宋登科做的这道菜汁明芡亮，色鲜入味，鱼肉酥烂。宋登科做的时候先把加工好的鲑鱼放入热油中炸透，呈金黄时，捞出沥油；然后下入葱段、姜片、蒜瓣炸一下；再下入肥瘦猪肉片，煸炒至熟；依次加入料酒、醋、酱油、盐、鸡汤、白糖。沸后，放入炸过的鱼；再沸起时，加盖移到小火上，慢烧15分钟，再移至大火上，揭盖；调入味精，稍烧后，将鱼捞在鱼盘中，拣出葱段、姜片；然后用水粉芡勾芡，淋入猪油和香油，浇在鱼身上即成。

宋登科是御膳房众多厨师中的佼佼者，他烹制的白煨熊掌、红扒熊掌，被誉为"天厨奇味"，在诸多御厨中位列第一，因而博得宣统皇帝的欢心。

开封开设饭庄生意兴隆

1924年10月23日冯玉祥发动北京政变。政变后，冯玉祥授意摄政内阁通过了《修正清室优待条件》：永远废除皇帝的尊号，搬出紫禁城，自由选择住房；除私有财产外，其他一切公产一律不准带出宫外。连皇帝都在紫禁城待不下去了，一个厨师更是没有出路，于是宋登科回到河南省会开封。

宋登科是依靠一位在清宫当差的长垣同乡提供方便，才得以出走的。他与一位要好的宫女悄悄出宫，同时还带出一张"八马图"和几十块现洋。宋登科坐上火车在郑州下车之后感觉背负一张名画十分不妥，兵荒马乱的，随时会有被劫持的危险，于是他把"八马图"在郑州拍卖，买了一部手摇制冷机，辗转来到了省会开封。他在皇宫见多识广，知道这制冷机就是摇钱树，经过考察，他选址书店街开始经营冰激凌。宋登科是开封市第一个经营冰激凌的人。

一年后，他手里有了资本之后又重操旧业，在开封南书店街路东晋阳豫南隔壁，独资开设"雅北饭庄"，门口还挂出"御厨宋登科"的招牌。由于他烹调技艺出类拔萃，菜肴风格别致，而且具有浓厚的宫廷风味。宋登科烹调技艺的突出特色是选料精细、操作严谨、刀工精湛、投料定规；菜肴色彩明亮，形状美，原汁原味，鲜醇适口。特别是原汁原味这一特色，令人推崇，他在制作鸭肉菜肴时，就用鸭油、鸭汁或鸭汤；制作鸡肉菜肴时，只用鸡油、鸡汁或鸡汤，而不用鸭油、鸭汤，决不允许串味。同样，在烹制牛肉、羊肉时，亦循此法。因此他制作的菜肴不仅保持了原汁原味的特色，而且进一步增强了菜肴的本来鲜味和美味。他的这一显著特色，和长期服役于清宫御膳房的规定烹制方法不无关系。

于是，"雅北饭庄"门庭若市，车水马龙，显官达贵、文人学士和富商大贾络绎不绝，争相品尝，生意十分兴隆。1935年出版发行的《陇海铁路旅行指南》第3期载文称："雅北饭庄""又一村""现代饮食店""宏源饭庄""味莼楼""美新饭庄""小大饭庄""合昇饭庄"同被誉为开封"八大名餐馆"。

宋登科在开设"雅北饭庄"期间，还经常被开封县衙邀请"落作"，他的"雪山虾仁"最叫响，速度快，形状好，不仅味道鲜嫩可口，颜色美观大方，而且他用鸡蛋清哈制出来的"雪山"长时间不变形。

"见过大世面的皇宫御厨"

"雅北饭庄"1935年停业后，"梁园春饭庄"高薪聘请宋登科当灶头。饭庄门口专门挂出"御厨宋登科"的招牌，一时轰动开封城。他的拿手绝活"炸宁波鸭"酥软浓烂、异香扑鼻。当时开封的各大酒楼、餐馆都不会制作此菜。宋登科在梁园春掌勺时，曾挂牌供应。食用者流连忘返，慕名品尝者接踵而来。"炸宁波鸭"成为"梁园春饭庄"的镇店名菜，在开封风靡一时。

孙润田在《开封的堂倌与响堂》文章中叙述了一则宋登科的逸闻，说是有一次开封市一个官宦人家的新婚女儿三天回门，要"梁园春饭庄"前去"落作"。当一切菜肴原料准备妥啥都备好了，单等开席。主人听说前来"落作"的就是御厨宋登科时，有意发难，突然提出新郎官下轿要献三道茶。宋登科和同去"落作"的堂倌一商量，便制作了"冰糖炖莲子""茉莉花香茶"和"圆肉汤"奉献给下轿进门的新郎官。"莲子有养心、益肾、补脾之功效；茉莉茶有芳香馥郁、鲜灵甘美的特点；圆肉（龙眼）味甘性温，有补益心脾、

·015·

名师誉满神州

养血安神的功效。""三道茶"制作好，恰好新郎官下轿，堂倌用响堂报出，客人连声叫好！主人见了这文雅巧妙的构思，频频点头，连声称赞："不愧是见过大世面的皇宫御厨。"

1959 年宋登科应好友徐廷壁的邀请，到河北邯郸司厨掌勺。几年后病逝于邯郸。

衙门派名厨陈永祥

20世纪20年代，胡景翼主政河南的时候，陈振声曾为胡景翼做了全羊席而轰动省城开封，一时成为当时衙门派的代表人物，被誉为"衙厨第一"。这个陈振声师从其父——陈永祥，正是陈永祥孜孜不倦的教诲，才使他在厨艺上独领风骚，在人品上更是气节高尚。1938年6月至1945年8月，在开封沦陷期间，陈振声不为日伪政权服务，多次拒绝邀请，宁愿在老家种地。儿子尚且如此，陈永祥更是非同寻常。

陈永祥是近代开封衙门派的名师，不但传承技艺，而且不断创新发展豫菜，慈禧太后在开封吃过他做的菜不过瘾，走到豫北淇县的时候点名叫他到那里再去做菜。

苦学厨艺　赡养恩师

陈永祥，清代祥符人，生于1860年。自幼聪慧，腿脚勤快，为人忠厚善良。那一年，他15岁，正式拜开封名师陈凤林、齐劳山（江湖人称齐老三）为师学习烹饪。那个年代，百业之中唯有烹饪免于饿肚子之苦。陈永祥格外珍惜这次机会，他兢兢业业，不怕吃苦，不怕受累，全心全意按照老师的要求去做。两位老师见这孩子很刻苦，加上他们两家都没后代，于是就十分喜欢陈永祥，视其为子侄，恨不得把毕生技艺都传授给他。

陈永祥跟随他们学艺 8 年，不但精通了传统豫菜，而且熟练掌握了满汉全席、全羊席、全素席等高档宴席系列菜肴的制作。他不拘于传统，常在传统的基础上对菜肴进行不断创新，逐步形成风味独特的陈家菜。在开封城，他与师兄弟贺兆祥（因脸黑误传为黑兆祥）、张应祥一时齐名，成为清末民初开封烹饪界衙门派的名师，时人誉为"开封三祥"。

陈永祥学的是官府菜，出师后就开始到官府给官员掌厨。有个叫张义臣的人在河南各县任十八年县令（六任），陈永祥为他管了十八年衙厨。最后结账时，1000 多块现洋的工钱硬是被卡住不给。无奈，他把自带的炊具卖光，才凑够路费，气得害了一场大病。后来又给一个道台做饭，明明上的是活鱼，道台不想付钱，诬陷说是死鱼，稍有争辩，就要送祥符县去"法办"。

陈永祥不仅厨艺高超，为人亦谦和、善良。他对陈凤林、齐劳山两位恩师诚尽赡养义务，直至终老。陈永祥晚年行走不便，每年正月初三、清明节、十月一日，仍要子孙陪同给两位老师上坟。他时常救济、帮助穷困乡亲，那些跟他学艺，出身贫苦的徒弟，吃住亦常在陈家。这在当时都传为佳话。

菜肴受到慈禧和光绪称赞

作为一个手艺人，陈永祥吃尽了苦，终于在 30 岁那一年有机会进入河东河道总督府，为河道李国和管厨。一位钦差大臣住在开封二曾祠，二曾祠是清光绪十九年（1893 年），时任河东河道总督的许振祎为纪念其乡试恩师曾国藩而建，因祠内祀武英殿大学士曾国藩及其九弟两江总督曾国荃，故名二曾祠。这位钦差大臣曾是清末状元，官位显赫，膳食要求甚高，李国和推荐陈永祥掌厨。住在开封的钦差嘴刁，每天要做两桌满汉全席，还要负责日常膳食。陈永祥负责为他做菜，陈的技艺精湛，钦差称他的技艺可与"御厨"相比。陈永祥名声大振。

1901 年 11 月 12 日，"西狩"回京的慈禧和光绪途经开封，他们驻跸开封行宫（原河南巡抚署），并于十月初十（1901 年 11 月 20 日），在开封行宫为慈禧太后举办万寿庆典，至十一月初四（1901 年 12 月 14 日）离汴返京，在开封共 32 天。驻跸开封与初逃之时截然不同。当初他们躲避八国联军的时候，狼狈不堪，行至怀来县时，连小米绿豆粥亦成美食。而这次却不同，不再逃亡了，像是班师回朝，途径河南省城开封，御膳场面却十分宏大、豪华。据 1913 年 2 月 15 日《河南实业日报》报道："开封供应慈禧之御膳，每餐一百八十件，李莲英之饭菜亦如是，德宗（光绪）御膳一百四十件，大阿哥膳数与德宗同，而隆裕后彼时仅得八十件。"

开封行宫置办御膳所用各种器具，耗费甚巨，仅碗、盏一项，用银即超过 3 万两。陈永祥奉命主办御膳，除传统宫廷菜肴之外，他又制作不少富于地方特色的名菜，主要有网烧脱骨鳜鱼、鸡包白果鲍、糖醋鲤鱼、荷花鱼、白扒鱼翅、套四宝、鳖裙扒象鼻、水晶虾、一品官燕、素肚玉蝉羹、夹沙果子狸、百猴拜寿、翠豆核桃仁、翡翠面筋、酱瓜鸡、椒盐金菊、酥鱼、罗汉肚、火腿拌蒲菜、调猪毛尾菜（开封产野菜）、酥核桃、琥珀红果等（据《开封市志》第七卷）。

陈永祥主办的御膳，制作精巧、品种繁多、风味独特。其他不说，单说这道"套四宝"就是陈永祥的创新名菜。陈永祥在传统名菜"套三环"的基础上改进而成，菜肴的色、香、味更为完美。此菜因集鸭、鸡、鸽子、鹌鹑四味于一体，四禽层层相套，且形体完整，故名套四宝。成菜原汁原味，醇香浓郁，肥嫩适口，堪称豫菜艺苑中的一朵奇葩。

套四宝

名师誉满神州

"套四宝"制作精细，色香味形十分讲究，制作时费工费时，技术不过硬不行，火候掌握不好也不行。最复杂的是剔骨，全神贯注，犹如艺术雕刻。以颈部开口，将骨头一一剔出，个个原形不变。有的地方虽皮薄如纸，但仍得达到充水不漏。剔骨后将四禽身套身、腿套腿，成为一体。"套四宝"的套是个关键，这需要鸭、鸡、鸽子、鹌鹑首尾相照，身套身，腿套腿。诀窍是，在给加工洗净的鹌鹑肚里填充海参蘑菇配料后，用竹针把破口插合，在开水锅中焯一下。这不仅清除血沫，更主要的是使皮肉紧缩，便于在鸽子腹内插套。鸽子套进鹌鹑后，仍要在锅中开水焯一下。然后再向鸡腹插套。同样焯过的鸡再向鸭腹填充。最后成了体态浑圆，内容丰富的四宝填鸭。再配以佐料，装盆加汤，上笼蒸熟，从里到外通体酥烂，醇香扑鼻。端上桌子，不仅是一道色香味俱佳的美肴，更是一个精雕细琢的艺术品。套四宝绝就绝在集鸡、鸭、鸽、鹌鹑之浓、香、鲜、野四味于一体，个个通体完整，无一根骨头。慈禧和光绪品过宴席上的几道菜之后，这道菜便用青花细瓷的汤盆端上，展现在两宫面前的是那体形完整，浮于汤中的全鸭。其色泽光亮，醪香扑鼻。当食完第一层鲜香味美的鸭子后，一只清香的全鸡便映入眼帘；鸡肉吃后，滋味鲜美的伞鸽又出现在面前；最后又在鸽子肚里露出一只体态完整，肚中装满海参丁、香菇丝和玉兰片的鹌鹑。一道菜肴多种味道，不肥不腻、清爽可口；清蒸原汤醇厚鲜香，营养丰富，回味绵长；整个菜肴层层递进，次第呈献。慈禧太后、光绪皇帝甚感满意。

此次承办御膳应得工钱及另得赏赐共百十个元宝。随陈永祥承办御膳的主要厨师，还有贺兆祥、张应祥及开封籍另一位名师孙延龄等。

余味未尽，慈禧离汴想念陈家菜

慈禧太后一行在开封停留了33天，吃遍中州美食，后来行至豫北淇县仍余味未尽，禁不住再次特招陈永祥去办"御膳"。于是100多道菜的"满汉席"，128道菜的"全羊席"，再加上各式各样的宋代菜肴，又使慈禧一饱口福。最使慈禧赞不绝口的是"烧臆子"。"烧臆子"是宋朝时期开封的传统名菜，早在《东京梦华录》卷第二"饮食果子"一节中，就有"鹅鸭排蒸、荔枝腰子、还原腰子、烧臆子……"的记载。据传，"烧臆子"在当时很有名气，后来随着时代的变迁，曾经一度失传。陈永祥在淇县当衙厨时，一些达官贵人对"烧臆子"雅兴颇浓，他探索研究，制作成宋菜"烧臆子"。陈永祥做"烧臆子"先将猪肋条肉切成规格的方块，顺排骨间隙穿数孔，把烤叉从排骨的一面插入，再在木炭火上先把排骨两面烤透，然后边烤边刷上花椒盐水，使其渗透入味。至肉的表面呈金黄色、皮脆酥香时离火，改刀装盘即成。吃时配以荷叶饼、葱段、甜面酱各一碟。此菜的特点色泽金黄、肉片酥脆、爽口不腻。慈禧太后吃了陈永祥做的"烧臆子"，倍加赞赏，遂赐陈永祥为"御厨"。从此，陈永祥声名远播，连续数十年为达官贵人操厨。

1920年后陈永祥因身体欠佳，离职在家休养。他先后收有6位正式行磕头拜师礼的徒弟，未行拜师礼而跟他学习厨艺的弟子更多。他开创了风味独特的陈家菜，1938年3月陈永祥在开封家中去世。

名师誉满神州

苏氏双雄誉满烹坛

说起民国时期的中原烹饪"江湖",无人不知苏氏双雄——哥哥苏永秀,弟弟苏永洲。兄弟一心,其利断金。他们醉心于烹饪技术,执着于豫菜的发扬传承,二人终成一代名厨。

烹坛老将苏永洲

苏永洲比哥哥苏永秀小16岁,他出生于1922年,长垣人,13岁便开始学习烹饪,在哥哥苏永秀的帮助下,勤学苦练。16岁那年在开封"中华春"饭店,拜师王大山学艺。1938年在开封"第一楼点心馆"当厨师。

1954年,作为"豫菜"高手,苏永洲和宋炳洲、侯瑞轩被河南省政府选派到北京,为第一届全国人民代表大会第一次会议服务。当时一块儿进北京的这三个人都来自被称为"正宗豫菜第一家"的又一新饭庄。苏永洲在大会上具体负责鱼翅席的烹制。传说他制作的"扒三样""奶汤炖广海鸡丸""虾子烧海参"等传统豫菜受到与会代表的好评。他制作的"奶汤炖广海鸡丸"汤汁乳白、红绿相衬,味醇形美。广肚皮被他排成狭长的卧刀片,海参片成薄片,火腿切成长方块,香菇洗净蒸透,菜心再用开水焯一下;鸡糊加入佐料挤成丸子之后,支上锅,放入油,油热之后下白汤,将广肚、海参、鸡糊丸子一齐下锅,用旺火烧开;下入佐料,炖至汁浓汤白,盛在品锅里面;香菇刻花放在品锅中间，火腿片、菜心对称放在香菇周围即成。

苏永洲在北京期间，做的菜肴还受到保加利亚驻华使馆工作人员的青睐，他们邀请他到北京饭店专程为宴请中国领导人而去烹制宴席。1956年，16个国家的朋友来河南参观的时候，河南省为做好接待，苏永洲又被选去。他做的菜肴食者满意，交口称赞。有一次，周恩来夫妇陪同加拿大总理特鲁多到郑州，还是苏永洲前往服务。

兰花扒鱼翅

苏永洲的烹饪技术已经达到了炉火纯青的境界，他做的扒菜、炖菜尤为精良。他炖菜，不论生炖还是熟炖、奶汤炖还是红汤炖，都能做到汁浓菜烂、味美清香、口感醇厚，具有扒时不勾芡，汤汁自来粘的特点。菜的形状保持完整、美观大方。

一代宗师苏永秀

苏永秀比他弟弟大、成名早，他生于1906年，特一级烹调师。他出身贫寒。1919年，年仅13岁的苏永秀经人介绍，来到开封，进"大中华"饭庄学徒。1923年学成出师。翌年，受聘于"九鼎"饭庄。1930年，以精湛技艺，被当时知名饭庄"又一村"所看重，得与该店名厨黄润生、赵廷良等切磋技艺，受益匪浅。1945年8月与他人一起创建了又一新饭庄，一直是又一新饭庄的名厨。

苏永秀是豫菜大师，同时旁通西餐制作。无论山珍海味、鸡鸭鱼肉、家常蔬菜，他都能得心应手地烹调出色、香、味、形俱佳的珍馐佳肴。他的烹调技术造诣高深，尤精刀工。1959 年苏永秀参加河南省烹饪技术比武大会，他在一块绸布上切出 250 克肉片，绸布毫无伤痕。一段 10 厘米长的黄瓜，经他偷刀剞刀后，可拉长 40 厘米，就像编织的蓑衣一样。他运用坡刀和立刀加工的麦穗腰花，刀刀进深一致，间距相等，遇热蜷缩后，形状与麦穗一样，极见功夫。苏永秀刀法之妙，已经达到出神入化的境界了。一块不过方寸的五香豆腐干，他能切出近千根牛毛般的细丝；片水波纹鲍鱼，大小如掌，薄厚均匀如纸，掂起透亮照人，入水漂浮于水面之上；切肉丝垫纸，状如火柴棒，不用热水掸，根根四角见棱；解鱼至骨（刺），提尾层层下叠，状如打伞，举头鱼身完整如初。苏永秀制作菜肴，选料严谨，讲究配头。其麦穗、蓑衣、梳子、菊花、荔枝刀花，玲珑剔透，几可乱真，令人叹为观止。

苏永秀创新发展了开封鲤鱼的吃法，早在 1901 年，慈禧与光绪皇帝逃避八国联军之难返京取道开封的时候，开封府衙派名厨备膳，贡奉有"糖醋熘鱼"。慈禧光绪吃后十分称赞，随身太监写了"熘鱼出何处，中原古汴州"的条幅赐予开封府衙。后来梁实秋也谈到此菜，认为是"鲤鱼菜中一绝，看那形色就会令人垂涎欲滴……""焙面"又叫"龙须面"，细如发丝，原来用水煮食，后来改为焙制，用油炸至酥脆，使其吸汁，配菜肴同食，故称"焙面"。1930 年前后，苏永秀大胆创新，采用薄如纸的馄饨皮，切成细丝，用油炸成色泽金黄、蓬松脆香的"焙面"，覆盖在做好的"糖醋熘鱼"上面。以后，山西拉面传入开封，人们又用不零不乱、细如发丝的"龙须面"和"熘鱼"搭配起来，客人既可食鱼，又可以面蘸汁同吃，一个菜肴，两种风味。因鲤鱼称为"龙肉"，焙面称为"龙须"，故有"先食龙肉，后吃龙须"之说。

他根据"医食同源"的学说创立了豫菜"配头谱"。他素馔烹调技巧功深艺绝。他利用腐皮、萝卜、山药、冬瓜、黄花菜为原料，制成的素鸡鸭、素鱼虾，不仅形似色美，而且"鸡"有鸡香，"虾"有虾味，赢得食客和同行的佩服。

他的拿手名菜甚多，尤以白扒熊掌、烧猴头、八宝布袋鸡、佛手鱼翅、烩蟹羹、糖醋熘鱼焙面、琥珀冬瓜等闻名遐迩。居甜菜之冠的"琥珀冬瓜"，是苏永秀的拿手绝活，在中原最为著名。该菜是从宋代蜜煎冬瓜演变而来，经过历代厨师改进，到了清代已经是一道名菜了。光绪末年，开封著名灶头王凤彩做此菜最为有名。大概是在1940年前后，苏永秀开始对"琥珀冬瓜"再次改进。苏永秀选用肉厚的大冬瓜，去皮取肉，分别裁成佛手形、石榴形、仙桃形等果子状，下入开水锅内蘸透，放进锅内，用盘扣住。锅中添入清水锅置火上，放入白糖、冰糖、糖色和大油，待煮沸后投入冬瓜，武火顶开，再移至小火上长时间烧制而成。汁浓发亮，内外明澈，一个个色如琥珀的"佛手""石榴""仙桃""鸭梨"在盘中争奇斗妍，食之浓嫩香甜，早已成为脍炙人口的甜菜名品而享誉烹坛。苏永秀还根据《东京梦华录》的记载，精心研制恢复了失传已久的"两色腰子"这一北宋名馔。

开封夜市

　　苏永秀的技艺赢得了世人尊敬，民国时期，军政要员和社会名流，如蒋介石、李宗仁、顾祝同、白崇禧、冯玉祥以及京剧大师梅兰芳，等等，凡是来开封无不品尝苏永秀的菜肴。1946年7月周恩来总理来开封进行黄河归故谈判的时候，就是苏永秀为其做菜。

　　苏氏双雄为了发展光大豫菜，广泛带徒授艺。苏永秀参与或主持了《开封烹饪技术教材》《开封食谱》《河南名菜谱》等书的编纂工作，苏永洲也致力于培养豫菜新秀，技校授课，他们为豫菜的发展和传播做出了重要的贡献。

王馍头：乐善好施　拉面为王

1959 年，河南省举办烹饪技术大赛，来自开封的何梦祥大显身手，他的龙须拉面可以拉 15 环，全长 13000 米，细如发丝，口吹飘风，且没有粘连、断条，技压全场。何梦祥名列第一，后来还出席了全国财贸群英会。这位拉面高手何梦祥就是出自开封著名厨师王馍头的门下。名师出高徒，在民国时期，王馍头拉面在鼓楼上的牌匾写着"声震天中"。1966 年春，张仲鲁先生约王华农先生到相国寺一游，专门提出去相国寺西北角"王馍头饭馆"去吃饭，配碗苜蓿汤，要了几样小菜，喝了点甜酒。据说民国时期河南省主席刘茂恩就特别爱吃王馍头的饭菜，刘茂恩的孙子 1992 年由台湾回大陆探亲、观光，来到开封时，还到处打听相国寺王馍头拉面馆呢。王馍头拉面馆在相国寺鱼池沿街北头路东，开封人习惯称为"馍头饭馆"。

开创开封拉面新时代

王馍头原本是开封县八里湾董桥村人，出生于 1900 年腊月初七，家境贫寒，他是家中的老五。当时开封附近因黄河灾害，民不聊生。此时的王家增加了人口，却没有多余的口粮，明天就是腊八了，腊八粥不敢奢望，连一块儿馍头都没有。老王夫妇长吁短叹，于是就给这孩子起个乳名叫"馍头"，大名叫国柱。还有一种说法是当时一些近郊的游人到相国寺赶会，时常带着干粮，王国柱本身就是穷苦人家出身，格外同情百姓，为了方便带干粮的游人，他专门为其加工经营"烩馍"，若干粮不足，就配做些面条。由于小店多为顾客着想，声誉越来越大，来吃饭的穷人日渐增多，小饭铺成了当地有名的"烩馍"店。于是，大家亲切地称呼王国柱为"馍头"。

王馍头的童年时代正值《辛丑条约》赔款时期，加之慈禧回京途经祥符，挥霍巨大，所有巨额款项统统压在当地人民头上。1904年2月，河南巡抚陈夔龙奏请在沙压地区祥符县周围的黄泛区重新征粮，强令人民补纳过去18年间因土地盐碱抛荒而未交的田赋。老百姓家雪上加霜，馍头的爹在窑场拉土打坯，几十斤的坯每天要端数百次，整天拼死累活挣钱养家糊口。老王夫妇苦苦支撑，总算把几个孩子拉扯大了，三个妞出门嫁人，王馍头的几个哥哥还是一直跟着爹到窑场干体力活。王馍头在12岁那年，遇到村里一在外经商的邻居，这人看孩子比较聪明就劝馍头爹说："窝到乡里没啥出息头，不如叫他上开封去学门手艺，也省得像恁俩一样吃苦一辈子。"于是夫妇托人把王馍头送到了开封，投靠相国寺藏经楼西边的萧记拉面馆。

萧掌柜不是开封人，无儿无女，和老伴相依为命，靠经营这个小餐馆安身立命。少年王馍头的到来增加了萧记拉面馆的生机和活力。

清末时期，相国寺钟楼鼓楼两旁，有许多摊贩出卖小吃食，如胡辣汤、小米粥、大米饭、煎包子、调煎凉粉及夏日瓜果、梅汤，等等。还有粽糕、浆粥，午后则有茶汤。民国时期，相国寺内饭店规模狭小，设备简单，所售品种多以面食为主。有荤素包子、大米饭、面条、油饼、馒头、烧饼、油馍、小米稀饭、烫面角、水饺、绿豆面丸子、馄饨、绿豆糊涂、羊肉胡辣汤、菜盒、鸡蛋灌饼、拉面、羊肉水煎包、牛肉烩馍、灌汤小笼包子、锅盔、砂锅丸子、红烧条子肉、卤豆腐、牛肉汤等。相国寺内还有卖零星食品的：如茶汤、藕粉、桂花馒头、莲子稀饭、熟梨、熟枣、江米糕、糖炒栗子等。

萧掌柜也不保守，毫无保留地把手艺传给王馍头。王馍头也处处留心，肯吃苦勤学习。拉面是个体力活儿，盐碱一定要弄准，四季水温也要把握好，先和硬面再扎软，这样才可以控制面条的粗细。很快，王馍头就青出于蓝胜于蓝，他做的拉面光滑劲香，颜色如玉，根据顾客口感随时可粗可细，很快萧记拉面成为相国寺内诸多小吃中的一绝。除拉面外，王馍头还改良了鸡蛋灌饼和韭头菜盒，鸡蛋灌饼，热水和面，擀片刷油成形，上鏊烙制，似乎很简单，但就在这饼将熟之时，把油饼开口灌入鸡蛋是个关键，要求鸡蛋灌得匀、灌得满，他煎的鸡蛋灌饼色泽金黄，外酥里软。韭头菜盒就是用两张薄饼，包入时鲜韭头为主料的素馅儿，在平底锅上炕制而成。成品白饼黄花，这黄花是炕制时面皮泛起的气泡破碎而成。火候掌握得好，花匀微黄，入口软筋，香嫩可口，透着韭头特有的清香。几样小吃，既家常又实惠，从而使面馆名声大振。

萧掌柜见王馍头经营有方，考虑自己年迈，1927年，萧掌柜做主，为王馍头娶了媳妇，并把面馆全部交给他料理。王馍头对待萧掌柜夫妇如亲生父母，让他们安心养老。王馍头拉面馆从此拉开序幕。20世纪30年代初萧掌柜夫妇先后去世，王馍头把他们葬在开封东郊沙岗寺，尽弟子礼，行孝子心。

王馍头全面接管面馆以后，苦心经营逐步发展，于1936年把拉面馆扩建成了一座两层小楼，上下12间，并增加菜肴品种，招收了徒弟，生意越做越红火。

王馍头饭店的经典美食——鸡蛋灌饼

他把拉面做成了品牌

我没有见过"馍头拉面"创始人王国柱，对他的一些故事倒是很了解。多年之后我见到他的儿子王安长，他从小在相国寺长大，耳闻目睹了相国寺江湖的诸色风景。据王安长介绍，其父在20世纪30年代初期，就开始在相国寺西院北头、火神庙对面开了一个小饭铺。当时，他家的小饭铺与开封赫赫有名的大饭庄"天景楼"相距不远。那时候，相国寺是不收门票的，可谓市民的乐土。每天商民云集，游客不断，天天黄金周一样。游玩的市民和经商的摊贩多吃不起山珍海味，不敢光顾"天景楼"之类的大饭馆，于是王国柱的小饭铺便成了游人和摊贩最喜欢去的地方。

民国时期，王国柱的小饭铺，不光是经营"烩馍"，他经营的拉面和葱花油饼也质美价廉。尤其是拉面，不但味道鲜美，而且花样繁多，像炸酱面、炝锅面、肉丝面、鸡丝面等，都是经济实惠的大众风味食品。

王国柱不满足现状，他不断创新，"馍头拉面"越做越精。他不仅能拉出面细如丝的龙须面，还能拉出种类不同的宽薄条、帘子棍、柳叶面、空心面和夹馅儿面。空心面和夹馅儿面工艺精细，制作时先把面粉做成面坯，然后分别加入油和肉馅儿，卷包甩拉成型后入锅油炸。出锅后的空心面和夹馅儿面色泽金黄、造型奇特，食之酥焦嫩脆，溢香可口，令人称绝。

除经营小吃外，王馍头还潜心对豫菜名馔"鲤鱼焙面"进行了大胆改革。

在王馍头之前，鲤鱼焙面用的是刀切面，色、香、味、形都不够精细考究。"鲤鱼焙面"是豫菜中的一道名菜。以前，鲤鱼焙面初端上时不放焙面，而是让客人先吃鱼。吃完鱼后，伙计来收盘子，将鱼头、鱼刺回锅做汤。糖醋汤汁加热后再将盘子端上桌，当着客人的面将焙面覆盖在鱼盘上。这叫作一鱼三吃。1930年前后，开封名师最早用细如发丝的面条被油炸至蓬松金黄后，放在事先做好的糖醋鲤鱼身上，看起来就像是给一条睡熟的鲤鱼盖上了一层金丝绵，深受顾客欢迎。当时做"焙面"都是手切面，面必须切得很细。

王馍头就琢磨着用拉面代替手切面，用拉面做成的焙面比头发丝还细，宛如一团金丝覆盖在鱼盘上，蓬松酥脆。客人们将焙面蘸糖醋汤汁吃，甜中透酸，酸中微咸。不仅平民百姓要来品尝品尝这道名菜，就连当时省政府、县政府的大员们也频频光顾。后来"鲤鱼焙面"这道菜传入了北京。北京豫菜名店"厚德福"饭庄在拉面时，总不如王馍头拉的细，于是便定期让伙计乘火车来开封，用食盒把王馍头的焙面带回去备用。

王馍头对豫菜名馔"鲤鱼焙面"进行了大胆改革，
用拉面做成的焙面比头发丝还细

济贫扶危美名传

出身贫穷的王馍头不忘本，即使拉面馆的生意再兴隆，每天收入上百元，他始终保持着艰苦朴素的生活作风。他最爱吃的还是"鲤鱼窜沙"（小米稀饭下面条）。平常生意忙顾不上吃饭，他总是在衣兜里放上一个窝窝，饿了就嚼几口。

民国时期相国寺堪比北京天桥，各种江湖人士云集，卖耗子药的，唱坠子、大鼓书的戏子，耍把戏、走江湖的艺人……都是吃了上顿没下顿的。王馍头对他们总是尽量照顾，给予方便。

对于那些没有技术的"光腚猴"，王馍头不忍心他们挨饿受冻，于是每天到聂家面条铺去买 10 斤绿豆面条，等到晚上生意打了烊，就用卖拉面的汤锅下一大锅绿豆面条分给他们吃。王馍头还买了些窝窝票施舍给穷人。那是一种印有数量和盖上店章的纸票，凭证可以到窝窝铺里领窝窝，为的是让他们能随时吃到热窝窝。冬天的时候，王馍头叫徒弟们在库房的煤堆上铺上草苫，在对门火神庙的门楼上面铺上木板，夜里就让光腚猴在那儿住宿，王馍头的善举在丐帮中有口皆碑。

1938 年日军侵占开封，王馍头先是举家逃亡，无路可走之时只得又返回开封，令人感到十分意外的是拉面馆竟原封未动，安然无恙。一问才知道，是几个"光腚猴"自发为他守护的。他们说王掌柜对咱们那么好，他不在家，咱们就天天住在火神庙给他看门。在兵荒马乱的年代，当时有许多店铺和百姓家都被砸被抢了，而王馍头的拉面馆却得以保存下来。

王馍头中年丧妻，相国寺里里外外都被震动了，亲朋好友、街坊邻居、乡里乡亲、徒弟伙计、面馆里的常客、生意上的关系，还有收养的三个义女全都来吊孝了。一连几天，狭窄的鱼池沿街都被挤得水泄不通。最感人的是相国寺一带的"光腚猴"们，他们得知后马上聚集起来，丐帮头儿李金财对大伙说："王掌柜家的过世了，她对咱们那么好，咱们不能忘了。今天咱们一块去吊孝，大伙把要来的钱都兑出来，买帐子送去。"

乞丐们一听二话不说，纷纷掏出身上所有的钞票、铜板，到马道街去买布匹。布庄的老板从来没见过这么多要饭的来买布，一问才知是给王掌柜家里送挽幛的，于是全都按进价卖，一分不赚。要饭的乞丐们成群结队地来到火神庙，把黑的、白的、蓝的各色布匹挂起了一大溜，然后齐刷刷地跪在地下哭了个昏天黑地。出殡那天，送丧的队伍站了长长的一道街。

1940 年秋，共产党派侦察员小杨到开封执行任务，在收集敌军情报过程中不幸被捕。小杨衣着破烂，一口咬定自己是个要饭的，任凭日军严刑审讯。日本人从他身上也搜不到任何证据，但是依然疑心重重，不肯放人。这时一个汉奸说，旁边有个拉面馆的王掌柜，凡是要饭的他都熟识，叫他来认认，不是要饭的就杀。日本人一听有道理，就派人去传王馍头。

王馍头饭店的经典美食——韭菜盒子

当时王馍头正在面馆忙生意，一个汉奸过来叫他到宪兵队去一趟。听说是叫认要饭的，王馍头心里就嘀咕，有些担忧，也不知道敌人葫芦里面卖的什么药。跟着到了审讯室，王馍头忽然明白，自己不能干傻事。日本人叫他认那个侦察员。王馍头看了一眼忙说："认识认识，他经常来我这拉面馆要饭吃。"说着走过去照小杨头顶上扇了一巴掌，骂道："你个孬孙，不到别处玩儿去，跑到太君这儿捣个啥蛋哩！"日本人见他毫不含糊，疑心顿消，于是便把小杨放了。"文革"期间，武汉军区的某位领导到驻汴部队做政治报告，其中讲道："民族资产阶级也有革命性的一面，你们开封有一个王馍头拉面馆掌柜王馍头就是一个很好的例子……"这些话在许多资本家都受到冲击的当时，对王馍头起到了很大保护作用，使他幸免了揪斗之苦。

名师誉满神州

桶子鸡名师王保山

在民国时期，开封马豫兴鸡鸭店的王保山师傅有一手细腻的巧工——鸡鸭剔骨装盘，他可以随心所欲摆放成各种图案，观之赏心悦目，令人暗暗叫绝。他也因此经常被召请至宴会现场献技。

少年学徒 精心学艺

王保山 1911 年 2 月出生于兰封县三义寨，那里风沙大，又是盐碱地，王保山的家境十分贫困，自幼跟随父亲四处乞讨。因为无钱医治，王保山的四

开封名吃桶子鸡

个妹妹和一个弟弟先后夭折。为了生存，后来经叔叔王世平介绍，12 岁的王保山来到了省城开封，在当时十分有名的"马豫兴鸡鸭店"当学徒，拜师张玉林门下，从此开始鸡鸭酱肉的制作生涯。张玉林也是兰封人，是马豫兴第二代名师。

　　"马豫兴鸡鸭店"由马永岑创办于 1864 年，店址设在鼓楼街西口路北，是一家以经营桶子鸡而发家的清真食品店，在古城久享盛誉。其前身为金陵教门马家鸡鸭坊，1851 年创建于金陵。后遇战乱，马家鸡鸭作坊生意于 1855 年迁出金陵，落脚开封。马永岑除经营折扇百货外，又利用中原盛产小鸡这一有利条件，将制鸭工艺加以改良，改制酱鸡。他们用肥嫩母鸡为主料，将江南风味和中原风味融于一体，制成状如若桶形的酱鸡，取名"桶子鸡"。由于桶子鸡造型独特，嫩美无比，上市后供不应求，很快有了名声。相传祥符县有个姓陈的县令，对马豫兴的桶子鸡特别青睐，几乎每餐必食，迎宾宴客更是必备之肴。官府幕僚、文人商贾为投其所好，纷纷以桶子鸡进献，一时竟使桶子鸡身价百倍。

　　名师张玉林，曾经励精图治，苦心经营，一度重新振兴马豫兴的声望。他格外照顾王保山这个小老乡，在技术上毫不保留地传授给他。少年王保山在"马豫兴鸡鸭店"含辛茹苦，悉心求学。张玉林念其年少有志，吃苦耐劳，虔诚尊师，颇感欣慰，对其悉心指教，使王保山在众多师兄弟中脱颖而出，逐渐掌握了全面的烹制技艺。17 岁那年，王保山便可以独立操作。

历尽坎坷　鼎力支撑店面

　　张玉林晚年身体不是很好，加上思乡心切，于是就离开开封回到故乡定居。自此，"马豫兴"就由王保山支撑门面。

　　马豫兴烧鸡和桶子鸡制作十分考究。烧鸡原料是选取当年活公鸡为原料，采用老汤和上等八大料精心制作而成，味道醇厚、肉烂皮香。制作桶子鸡，须选用生长期在一年半左右、体重 1.5 公斤的肥嫩母鸡，宰杀后烫鸡褪毛水温适中，以保持体肤完整光滑；内脏由翅膀下取出，以保持鸡体完整；卤制中，选用木柴火，火候紧缓有序；出锅根据鸡的老嫩，先嫩后老，有条不紊。出售桶子鸡下刀时，也按鸡子不同部位分软边、硬边，采用切、片、剁等不同刀法依次进行，从而形成了马豫兴桶子鸡"淡中取香、烂里藏脆"的独特风味。

开封鼓楼夜市上的美食

在20世纪30年代，当时的老板是马继增，他十分重用张玉林的徒弟王保山，鼓励他大胆改进工艺。王保山果然不负所望，专门选用1～3年的肥母鸡，从右翼处开膛取脏，然后用荷叶、秫秸秆撑其造型，将多味辅料填入肚内，再放入老汤锅用文火煨制。这样鸡熟后色香味俱佳，肥而不腻，鲜美嫩脆，其味无穷。

1938年6月开封沦陷后，社会动乱，百业俱废，"马豫兴"生意萧条，濒于倒闭。王保山被迫离店，为了生计，便以卖茶水、拾柴为生，后又被日本宪兵队抓去服了两年苦役，可谓历尽艰险。

1944年王保山被释放又回到"马豫兴"，在开封沦陷的几年中，"马豫兴"的生意一直惨淡经营，王保山的回归算是重振名店的雄风。此后，食客慕名而来，生意渐有起色。这时王保山正值中年，精力充沛，意气风发。他在继承传统工艺的基础上，结合多年实践经验，博采众家之长，刻意创新。多年来，无论是不是在店里，他都一门心思研究桶子鸡的做法，始终没有撂下手艺。王保山研究、继承桶子鸡的传统制作技艺，并使其日臻完美。他烹制的桶子鸡，工艺严谨，其色乳黄诱人，其气荷香扑鼻，肥而不腻，艳美脆嫩，食者叫绝。他制作的焖炉烤鸭，鸭身丰满，肥嫩味浓，香酥可口；桂花板鸭，色泽淡黄，肉质鲜美，微透桂香；牛肉干颗块均匀，咸中透甜，后味绵长。"马豫兴"不久声名复振，享誉全城。

王保山不仅烹制技术精巧，还有细腻的刀工。鸡鸭剔骨，片切装盘，得心应手，能摆出汴京八景甚至祥符调中的戏剧人物造型，并且图案新巧美观，令人赏心悦目。

享誉全国　在传统中更新

1948 年开封解放，王保山积极响应政府号召，拥护中国共产党的工商业政策，被推举为开封市酱肉业的劳方代表。在抗美援朝初期，他带领二十多位酱肉业同仁组成加工组，赶制出万余斤牛肉干，作为军需品运往朝鲜前线，为支援抗美援朝战争做出了贡献。

在工商业实行社会主义改造时期，王保山积极协助政府清产核资，并带头加入包括"宜生斋""福兴斋""尚豫兴"在内的"马豫兴鸡鸭合作商店"。1958 年王保山当选为开封市政协委员，1961 年又作为特邀代表参加了名师名匠老艺人会议，享受了很高的荣誉。20 世纪 50 年代末至 60 年代初期，中共中央在郑州多次召开会议，中共河南省委指名王保山亲手烹制桶子鸡供会议食用。与会者品尝后，纷纷叫好称绝。1964 年 3 月，柬埔寨外宾来汴访问，对桶子鸡的美味也赞不绝口。

开封桶子鸡名冠中州，享誉全国，省内外多家同行多次来开封学习技艺，王保山都是热情接待，传授技术。他本人也多次被外地邀请传艺。

1964 年，"马豫兴鸡鸭合作商店"归口开封食品公司管理，食品公司选派青工冯龙云、高洪祥、李遂成进店，跟随名师王保山学习烹制技术。他们不负众望，学有所成，继承了王保山的绝技，保持和发展了"马豫兴"的传统风味特色，成为百年老店的正宗传人。

1972 年，王保山大胆改革传统工艺，采用冷冻白条鸡烹制加工桶子鸡，在研制过程中他顶住了来自各方的冷嘲热讽，屡败屡战，终于成功。他从辅料、火候、烹制卤时间、冻鸡储存等方面，都总结出数项操作要领和经验，并加以推广。

1974 年 9 月 17 日，王保山病逝于开封。

赵增贤"火为之纪"烹美食

开封是中国烹饪鼻祖伊尹的故乡，厨师出身的他，后来成了商朝的大臣，现在的烹饪界尊他为"烹饪之圣""烹饪始祖"和"厨圣"。他所提出的"五味调和论"和"火候论"是我们传统饮食文化的根基。

我专门学习了《吕氏春秋·本味篇》中伊尹的火候论的叙述，据说这是中国有记载的最早的烹饪理论。伊尹提出"火为之纪"，他是中国第一个论述掌握用火技巧问题的人。《本味篇》说，"五味三材，九沸九变"，就是依靠甘、酸、苦、辛、咸五味和水、木、火三材进行烹调，鼎中多次沸腾，多次变化。"火为之纪，时疾对徐"，对火的控制要注意节度和适度，时而用武火，时而用文火。"灭腥去臊除膻，必以其胜．无失其理"，消祛腥味，去掉臊味，除却膻味，关键在于掌握火候，并靠准确的火候运用取得成功，不得违背用火的道理。"纪"，汉语词义指的就是"节"，此处指的是节度、适度，用火要适度、恰当，当用什么火候就用什么火候。后世烹饪虽借用道教术语"火候"来表达火力的大小久暂，但是总归还是要把握住火的"度"的问题。

今天就说民国开封一位厨师赵增贤，他把烹饪的火玩得炉火纯青。常言道："唱戏的腔，烩面的汤。"这做菜是个技术活儿，合理把握火候才能做出美味佳肴。

名师誉满神州

开封夜市烧烤摊儿

火到自然成

按照专业教材的说法，烹调技术按其最狭的含义，是指上灶技术。在过去学厨，要首先学烧火，掌握火工技术，然后学刀工，即切配技术，然后才能上灶。刀工、火工、面工、上灶烹调，这是厨工的四大工种。火工，就是生火和掌握火候的技术。直到现在，豫东农村办事的时候请来的厨师，他们都是要先在主家砌炉灶，生火、封炉都要亲自操作。

火候，是烹调技术的关键环节之一，对菜肴质量影响很大。它决定的不仅是菜肴原料由生变熟的问题，更主要的是，火候掌握的不同，可以得到不同的效果。火候适当，能增进原料、调料的滋味，达到美味可口的境界，菜肴的营养成分易于消化吸收。因此，掌握火候的能力也是厨师技术水平的标志之一。否则，原料再好、刀工再细、配料再精、调料再全，掌握不好火候，仍然制不出色、香、味、形俱佳的菜肴来。赵增贤就是一位火工功底扎实，烹调技艺精良的厨师。

赵增贤 1912 年出生在长垣县赵店村一个普通百姓之家，为了生存，16 岁那年在本村熟人介绍下来到了开封，在义和楼饭庄打工学习。赵增贤师从雷振声，6 年时间前三年都是在干些杂活，不是洗菜就是烧火，甚至劈柴、洗碗，真正在灶上炒菜的时间却不多。他的老师自有自己的一番苦心，必须要彻底体验后厨的艰辛并真正掌握基本功、把握住火的运用之后才可以进一步进深技艺。就像武侠小说中的少林和尚，扫地僧两臂力量极大，挑水僧下盘功夫了得，烧火僧手指功夫惊人。经过艰难磨砺，勤奋的赵增贤 6 年之后终于可以出师了，学成手艺的他到开封真不同饭店当厨师。

1938 年 5 月，正是抗战关键的时刻，国民政府第一战区司令官程潜到国民党开封省党部开会。当时国民党河南省党部在明伦街，兰封会战正酣，为了安全，程潜慕名赵增贤的名气，便用小汽车把赵接到住处，请赵"落作"司厨。赵增贤第一天给程潜做的菜中有一道"炖鸭"十分受程的青睐。汤汁乳白、鸭肉鲜烂，程潜一吃味道鲜美，口舌生津，不仅连声道好。于是接着3 天时间他都点这道菜，每餐必大快朵颐。

因为程潜的赞誉，赵增贤声名鹊起。1943 年开封大型饭庄"福兴楼"的老板张兆义请他"挂汤"（第二灶头）。

火功决定味道

赵增贤在多年的实践经验中深知，火功决定着菜肴的味道。他在实践中不断摸索并积累经验，如在做"爆双脆"这道菜的时候，在旺火上用热锅凉油爆胗肝，再下肚头，恰当运用火候，做成的菜脆嫩鲜香，爽口不腻。在做"软溜鸡"这道的时候，他的经验是油温一定要高，关键是鸡块下锅后，要端锅顿火，使原料浆透，烹制的菜肴才能软嫩鲜香。

"煎鸡饼"是河南名菜。煎是豫菜的传统技法，早在北宋时期已有"煎肉""煎鱼""煎鹌子"等多种煎菜。"煎鸡饼"关键在火功，要领是大翻锅。赵增贤对"煎鸡饼"有"登登鼓，柿黄色，外酥里嫩"的操作要求。

夜市美食

　　制作"煎鸡饼"要选用鸡脯肉去除筋膜，同猪肥膘肉一起剁成茸，放盆中加入鸡蛋清、湿淀粉、荸荠丁、糯米泥、绍酒等调料搅匀，制成馅儿料；将炒锅置中火上，添少许花生油，将馅儿料挤成 18 个核桃般大的丸子，在锅内摆成里七外十一的圆形；再添油煎制，边煎边用勺背轻轻将丸子摁扁，油热五成，将锅端离火口；顿火 2 次，待下面煎成柿黄色时，将余油滗出；鸡饼大翻锅，重添油煎制另一面；两面均成柿黄色时，把葱姜丝撒上，炸出香味，滗出余油，保持原形状装盘。上桌时外带花椒盐。成菜具有酥、嫩、香、鲜的特色，其形状不离不散。此菜关键是煎，一定要控制火候，顿火是重点；两面煎呈柿黄色。里七外十一为此菜的形状，大翻锅时要保持其形不散。

　　经过长期的实践，赵增贤认为烹调是一门大学问，不仅仅是做熟的问题，而是做好的问题。不同的原料属于不同的材质，各有各的性能，各有各的脾气，菜肴不同质感不同，必须运用不同的火候伺候这些不同的食材。炸炒、爆菜的时候要用旺火热油，而煎、扒、煨就要用慢火或者微火了。要想做得焦香酥脆，非用武火烹制不可。有的菜肴单纯一种火还不行，必须要多种火交叉使用，才能达到菜肴成熟均匀、老嫩一致、味透肌里。爆菜还要会抢火候，这就要求厨师眼明手快、动作麻利，该出锅的时候立即装盘，稍有迟疑就会失去脆嫩爽口的特色。

　　抗战胜利后，国民政府河南省政府主席刘茂恩和他的妹妹都喜欢吃赵增贤做的"煎鸡饼"，曾多次邀请赵增贤到家中制作酒席，招待客人。他做的"软炸鸡""抓炸丸子""酱炙肉片""爆鸡片"等菜，在开封风靡一时。

侯魁藩：把玉米芯做成竹笋味的将军专厨

我曾有目的地去游走开封的大街小巷，胡同深处的市井美食不断飘散出诱人的香味。我一直在想，那些民国时期曾经盛极一时的餐馆如今还正常经营的已经不多了。时过境迁，岁月改变了城市的模样，风化了往日的小馆，遗留了过往的美食故事和传说，那些品味过佳肴的顾客，那些杯盘狼藉的餐厅，那些挥汗如雨的后厨，那些温婉的美食余韵，一直都萦绕于心，向往之、念想之。食材什么时候可以吃出本真味道，美食不再与"毒药"并存？少些添加剂，多些真材实料！把简单的食材做出不简单的菜肴，这是考验一个厨师的技艺的主要标准。民国时期，侯魁藩曾把嫩玉米芯做成竹笋菜，得到卫立煌的点赞，令人称奇。

开封历练出来的将军专厨

开封的厨师与长垣有着深厚的渊源，民国时期作为省会的开封自然吸引全省的各类资源，好吃的好玩的好看的几乎都在开封。达官贵人多居省城，市场大、机会多。

家在长垣的侯魁藩经常听到从省城开封回来的乡邻到处宣扬开封如何如何繁华，他心动了，在家仅仅读完初小，就不再念书了。他家中条件很是一般，为了生存，更是为了寻找出路，1929 年，年仅 14 岁的他只身来到开封城，在老乡的介绍下到"民乐亭"饭庄学习烹饪。这民乐亭啊，原是相国寺钟楼的茶社书场，1927年前后由清末民初开封著名厨师高云桥在此开设餐馆，沿袭旧名，以相国寺游人为服务对象，主要以经营中档菜为主，如清汤素鸽蛋、锅贴豆腐、煎藕饼、奶汤炖鸡、余糖鱼、刀削面、烫面饺等，在饮食行业中颇有名气。侯魁藩跟着高云桥着实学了不少东西，加上他本人有悟性，又勤快，厨艺进展很快。

小吃留住游客的脚步

后来他又在南书店街的美新饭庄学艺，由于聪慧好学，又博采众家之长，练就了不少奇招绝技。如烹制八大类菜肴的油熟法、水熟法、气熟法、火熟法、甜制法、冷制法、混合制法和卤、爆、扒、烧、熘等都得心应手，经过多年的实践，他熟练掌握了烹饪要领。出师之后，他直接到开封著名饭店味莼楼饭庄站锅掌灶。这味莼楼饭庄可是民国时期经营时间较长的一家大型餐馆。1912年7月开业，原址在开封市南书店街北头路东，创始人系尉氏人。该店以经营灵活、服务周到、舒适卫生、价格低廉著称。1935年被视为汴垣"八大名餐厅"之一。1936年迁至南书店街南段路西，时有三进天井院子，内设礼堂一座，可承办各种宴席。

味莼楼的"熏鸡""熏鸡丝烩腐皮"比较有名，经常有来开封的文化人

名师誉满神州

在味莼楼宴请，孙席珍来开封的时候，于赓虞约他到味莼楼曾吃过黄河鲤鱼。黄炎培在日记中两次记录下了在开封味莼楼吃饭（《黄炎培日记》第五卷）。

在味莼楼的那段日子，侯魁藩名声蒸蒸日上，不断有重要的客人点名要他亲自烹制菜肴。当时的张自忠将军就经常点他做的菜。说起张自忠要从开辟小南门说起，为了缓解大南门车辆通行的压力，张自忠提议在大南门东头卧龙街南头的城墙上开辟一座城门，直通北门，经冯玉祥批准，由当时开封警备司令张自忠组织国民革命军第四军第二十五师展开。张自忠当时还兼任西北军事学校的校长，当时发动不少学生参加施工，历时一年才算完成。

1930年中原大战后，冯玉祥的军事力量被瓦解，张自忠所部被蒋介石收编。1931年后，张自忠任第29军第38师师长。张自忠喜欢到饭店吃侯魁藩做的菜，经过一段时间的观察发现侯魁藩不但厨艺高超，而且精灵聪慧、服务到位，于是他便选侯魁藩为专厨。侯魁藩离开了饭店，却依旧战斗在厨房，他为将军精心制作每一道菜肴，感激将军的知遇之恩。

卫立煌点赞的拿手小菜

自从当上了张自忠将军的专厨之后，侯魁藩就开始琢磨如何做好菜。官府菜不比市井菜，是颇有讲究的，往来无白丁，谈笑者非富即贵，不但要满足张自忠将军的口味，还要伺候好将军的每一位客人。侯魁藩细心观察张自忠的生活习惯，他发现张自忠是山东人，如何做到既不脱离传统豫菜的做法，又符合主人的口味。于是他大胆吸收了鲁菜的制作方法和风味，烹制出的菜肴常常得到张自忠的赞赏。例如和面的时候用鸡蛋清和面，这样手工擀出来的面条又筋又香。做涮羊肉的时候他选用生羊肋条肉，剔除筋膜，横丝切成长方形大薄片。把大白菜叶手撕成片，菠菜头切段，大海米、细粉丝用水泡开。火锅内注入高汤，大海米随汤煮沸后即可涮羊肉片，蘸酱料随涮随吃。吃过一段肉之后再把白菜叶、菠菜头、细粉丝等一起下锅，烧煮一会，捞出蘸调味酱料即可食用，吃起来清香鲜嫩，风味独特。侯魁藩做的涮羊肉、炸油鸡、银珠扒熊掌这几道菜张自忠将军常吃不腻。

1938年4月，台儿庄大捷，张自忠极为高兴，多年来他与日寇多次交锋，而这次却意义不同。张自忠对侯魁藩说："今天好好吃一顿，多制几个菜，庆祝庆祝这次胜利！"侯魁藩于是采用了他最擅长的爆、扒、烧、熘技法，做了一桌丰盛的菜，张自忠将军和夫人、孩子们都连连叫好，纷纷和侯魁藩碰杯把盏。

　　抗战期间，国民参政会视察慰劳团到张自忠的司令部，张便以四菜一火锅的简单饭菜招待慰劳团。侯魁藩于是便把这四菜一火锅均以青菜豆腐为主，肉片和丸子是点缀，此外给每人在火锅里加一个鸡蛋。侯魁藩的菜肴得到了国民参政会视察慰劳团成员的高度好评，能把素菜做出绝妙的味道真是不简单。

美食直达乡愁

　　侯魁藩的手艺不但深受张自忠将军的赞赏，还得到了李宗仁、白崇禧、卫立煌等人的赞赏，他们在张自忠家中品尝过菜肴之后，无不交口称赞。有一次，卫立煌到张自忠家中，享用了侯魁藩烹制的"烧青竹笋"这道菜后，感觉脆嫩清香、风味别具，但是食材像竹笋又不是竹笋，倍感爽口，味美无比。于是卫立煌便问厨师是哪位，张自忠便差人叫来侯魁藩。卫立煌端着酒杯先向侯魁藩敬了一杯酒，问他这道"烧青竹笋"是什么菜？怎么做的？侯魁藩

名师誉满神州

有些忐忑不安，他怕说出实情会降低了主人的身份，疑惑地望着张自忠。张自忠当然知道是怎么回事啊，他说不妨向卫将军如实相告。侯魁藩说这是用嫩玉米芯做的，怕影响将军的雅兴。谁知卫立煌更加激动，他哈哈大笑起来，说："你真是个烹饪高手啊，做的这个菜太好吃了。我的大师傅不会这道菜，改天请你教教他。"说罢当即赏给侯魁藩20块大洋。

赵氏父子："响"誉中原 堂倌增辉

如果您带着朋友到民国年间的开封饭店去消费，还没坐稳，立马就会有跑堂的前来招呼诸位。快步上前，满脸是笑，殷勤地说："客官请！"再对里面高喊一声："来客人啦！"然后，热情地引您入座，递上热毛巾，再沏上香茶，开始询问客人点什么菜。堂倌招呼客人殷勤、报菜准确清脆。这样的服务，客人吃着舒心，钱掏的也开心。现在只有服务员了，有的稍大的饭店还会有一个大堂经理，客人一点菜，不是写在纸上就是使用现代通信工具发送，感觉就大不同了。当服务被产品所替代，这饭菜吃的仅仅就是饭菜了，而缺少了情怀。

开封响堂有多牛？

堂倌，古代开封称之为"行菜"。堂倌服务有"雅堂"和"响堂"之分。雅堂也称"哑堂"，即服务时，报而不唱。响堂服务则是又报又唱，唱报结合。北宋时期，开封响堂最为出名。据《东京梦华录》载，其酒楼饭店"都人侈纵，百端呼索"，或热或冷，或温或整，或绝冷、精浇等等，人人索唤不同。"行菜得之，近局次立，从头唱念，报与局内……尽合各人呼索，不容差错。"由此可见，堂倌自古就是不同凡响，他们在店铺分配中，其收入高于其他人一倍而拿两份账。为什么？在餐馆业中，与顾客接触最多的是堂倌与柜先，饭馆能否招徕顾客、生意兴隆与否，很大程度上取决于堂倌能否善为应酬。当时有"一堂，二柜，三灶上"之说。

名堂倌传菜声音响亮，押韵，并善于察言观色，体谅人意。堂倌张少振，嗜洁成癖、衣着整洁、围裙雪白纤尘不染，传说连冯玉祥都以他过于讲究卫生与他开玩笑笑。连冯玉祥都喜爱的堂倌，其他人到饭庄吃饭的时候自然就会高看一眼。据《开封饮食志》记载，还有一个堂倌叫郑宝信，他16岁就开始在"又一村"做堂倌，他的长相与日本魔术师金语楼相似，日本人很喜欢他，曾多次邀请他赴日本与金语楼相会，但都被郑宝信婉言谢绝了。1938年6月日军侵占开封之后，他因相貌特殊对"又一村"的财产起到了保护作用，每有被日本宪兵抓去的人，经他保释皆被释放。堂倌徐庭壁随"又一村"奉命在禹王台"落作"，在1938年1月，曾命蒋介石帮他抬桌子。这些都算是饮食界的传奇了。堂倌柳世惠特别喜欢唱京戏，吃货们送他一个外号"堂倌柳"。开封一些票友就是冲着"堂倌柳"到饭庄吃饭的，高兴时还边吃边唱，十分热闹。但是，在开封饮食界，最为知名的是赵氏父子，开封人称"赵家人马"。

美食成为开封城的名片

"赵家人马"美名传

"赵家人马"由赵开山谈起，光绪二十七年（1901年）慈禧太后回銮，路过开封，于十月三日至十一月四日住开封行宫，供奉慈禧之御膳每餐180件，光绪帝御膳140件，大阿哥（太子）馔数相同，赵开山因响堂报菜，声音洪亮，押韵合辙，被大太监（一说随行大臣）赏银十两（《开封饮食志》）。赵开山有4个儿子，都从事饮食业，其四子赵金峰和三子赵子振均为民国年间著名的招待，因此有了"赵家人马"的美称。

赵金峰从15岁在"景兴楼"学徒，出师后在"座上春""梁园春""天中楼""又一村""又一新"等饭庄任服务师。比如他报菜的时候是一门说唱艺术："一只鸡子剁八瓣，又香又嫩又好看""扒广肚儿、爆腰片儿……糖醋熘鱼带焙面儿……啊……"他响堂报菜，口齿清楚、音调清脆、颇有韵味。赵金峰门里出身，深知业内行规，务必要干净卫生。他给人留下的印象是："夏季着白布衫、黑裤子、礼服呢鞋、白水裙、滴油不沾、干净利落、举止有度、引人注目"。旧时堂倌业务全面，技术娴熟、心顾全局、百难不倒。前为顾客参谋，后为厨上良师益友。

据对开封饮食界颇有研究文化学者孙润田先生讲，赵金峰端的清汤必以口蘑汤调味，清香味长，顾客无不称绝。赵金峰还有一绝——看客下菜。他凭借多年经验能看出来客是请客、祝寿还是家宴还是朋友小聚，等等，他能体察顾客心理，依照老人、中年人、孩童而分别介绍的菜点无不称心如意，且服务周到，"想客人之所想"，有自己的风格和特点。在民国年间，有些老顾主十分挑剔，非他接待不能满意，在饮食界赵金峰颇受欢迎。

1956年公私合营后，顾客到饭馆吃饭，茶水、漱口水、洗脸水、毛巾、牙签等一些传统的服务项目不再时兴，各饭馆不再设外堂，相继实行了卖票（牌）制度，服务程序趋向简化，餐厅小作人员逐步划分为营业员、招待员，不再称"堂倌"。顾客先交钱后吃饭，内部按票（牌）付饭菜，服务到桌，响堂等项目自行取消。赵金峰看到社会生活有了保证，曾语重心长地说："旧社会为生活所迫，我从未真心教过徒，近几年也未能教出一个称心的，很感惭愧。"1960 年，赵金峰调入饮食服务技校任教，授课示范，培训出一批优秀的服务员，并参加《烹饪教材》的编写工作，为开封的烹饪事业做出了很大的贡献。

南味小菜名家梁步雨

　　开封是一座最适合居住的文化名城，不但历史厚重，而且诸多风味小吃自古有名。不是自吹自擂，开封的小吃至今仍是驰名全国是有其渊源的。如果您阅读《东京梦华录》，跃入眼帘中最多的词汇就是小吃的名称，难怪有一家出版社把它列入中国古代烹饪资料典籍丛书之中。

　　开封人会吃，早在 1000 年前的北宋东京就全国知名。在北宋东京，州桥以东至宋门鱼肉市场繁荣，各种酒肆瓦市不分昼夜营业，集四海之珍奇。从州桥往南去，各种肉类熟食琳琅满目，物美价廉，鹅鸭鸡兔每个不过 15 文。朱熹的老师刘子翚喜欢到大酒楼消费，喜欢"夜深灯火上矾楼"大碗喝酒大口吃肉。一些脚店更是熟肉、饮食、酿酒多种经营。单独卖肉者更是潇洒，"阔切片批"、细抹顿刀，收钱也不数。

　　东京的熟肉生意火爆，就连大宋相国寺的一些弟子也经不起商品经济的诱惑而开起了熟肉店，市井百姓，商贾巨富乃至达官显贵纷至品尝。北宋相国寺有个和尚叫惠明，擅长烹调，最拿手的是烤猪肉，一顿 5 斤。结果他住的地方被人称作"烧猪院"。惠明有个好朋友叫杨大年，这厮经常带人去吃。《曲洧旧闻》记载：崇宁初，范致虚上言，"十二宫神狗戌位，为陛下本命，今京师有以屠狗为业者宜行禁止"。宋徽宗，就立即降旨禁止杀狗，并规定凡不再杀狗者，"赏钱至二万"。自此京师不见狗肉公开售卖，近于绝迹，从此有了"狗肉不能上席面"之说。

夜市美食诱人胃口

　　说了这么多，无非是想捧捧咱开封的酱肉熟食。民国时期，开封的熟肉加工销售行业通称为酱肉业，经营范围包括猪、牛、羊、禽、水产、野味、杂畜。1933年成立有酱肉同业公会，会长由长春轩姚肉铺的掌柜高岐周担任。1936年以前，开封市共有30家酱肉商户。开封酱肉名师辈出，每个名店都有自家的独门秘籍。诸多名店名师，都有自己的江湖地位。比如梁步雨，从事熟肉制作六七十年，技术精湛高深，以南味肉独领风骚，被称之为"南味小菜名家"。

　　梁步雨1911年出生于厨师之乡长垣。1925年，14岁的他经本家二爷梁国顺介绍到开封"五味和"酱肉店当学徒，师从浙江人王成介。可惜好景不上，1930年"五味和"南迁，经同乡陆稿荐名师马汝忠介绍，梁步雨又在"尚豫兴"烧鸡店找到了活儿干。在"尚豫兴"，梁步雨凭借自己的手艺为该店增添了南味烧牛肉、酥鸡、酥鱼、炝鱼、熏鱼、醉虾、牛肉干等南味肉食品。

　　以酥鸡为例，酥鸡选用的是荀鸡，开膛取出内脏之后冲洗干净，再把鲜藕去皮切成薄片，然后一层藕片一层荀鸡摆入铁锅内，鸡头向外呈圆周状，再将白糖、酱油、香醋等均匀泼洒鸡身，锅中间的圆洞内放进姜片、葱段和大料，加水之后，武火攻沸、文火烧煮，最后微火煨焖。整个过程要适时加入料酒、椒麻油，成品酥鸡色泽酱红，骨酥肉烂，酸甜可口，醇香味美。梁步雨因其制作的食品独具特色，深受开封"吃货"们的欢迎，大家口碑相传，很快"尚豫兴"就门庭若市。于是"尚豫兴"老板便委托梁步雨为领事掌柜，参与经营。

梁步雨的手艺在顾客中被推崇，这就引起了其他店家的注意。古往今来，商海浮沉，核心竞争力无非是人才。梁步雨很快就被"马豫兴"鸡鸭店的掌柜马基增看中。那个时候，"马豫兴"鸡鸭店正在谋求扩大经营，重振"马豫兴"雄风，于是在古城遍寻名师。梁步雨当时在开封业内颇有声望，马基增于是就重金聘他进店从事南味肉食制作。在"马豫兴"，梁步雨也进一步提高了自己烹制桶子鸡的技术。

梁步雨可以做 60 多种南味肉食品，色、香、味、型俱佳。尤其是酥鱼，酥鱼和酥鸡做法相同，选用的是鲫鱼。梁步雨做的酥鱼形态完整、大小均匀、颜色棕褐，油光透亮，食之甜酸爽口、骨酥肉烂、味道醇厚，多为省市宾馆招待中外宾客宴会选用。

梁步雨切桶子鸡的刀工和拼盘造型技艺十分厉害，1966 年 1 月，在开封市召开的河南省政治协商会议上委员们宴会使用的桶子鸡就是由梁步雨装拼盘的。他一个上午分别到开封宾馆、新生饭庄、又一新饭店切了 45 只桶子鸡。他娴熟的刀功，精美的拼盘造型，吸引了诸多烹调名师和宾客围观，喝彩声不断，赞誉声不绝。1972 年，河南省外贸局特邀梁步雨到郑州负责拼盘桶子鸡，专程送到广交会展销，吸引不少客商争相洽谈。

1975 年开封市食品公司在迎宾路北头开办汴京烤鸭店，专门聘请名师梁步雨为该店技师。他发挥自己的特长，把开封"马豫兴桶子鸡""北京烤鸭""南京板鸭"的风味熔为一炉，使"汴京烤鸭"独树一帜。其色泽金黄、鲜艳油亮、外表酥焦、里面鸭肉雪白细嫩，别有奇香，久吃不腻，营养尤佳。

名师誉满神州

名店风味独特

厚德福：名满全国的老馆子

曾经有个饭庄，是从开封走出的名厨所开办的，近代以来享誉全国，当时人们可以不知道又一村，但是都会知道厚德福。在中国餐饮业发展史上，厚德福酒楼以规模最大、开设分店最多而著称，有"名满全国的馆子"美誉。《鲁迅日记》中就有"晚何燮侯招饮于厚德福……"的记载。梁实秋不仅是著名作家，还是资深美食家，他与厚德福也颇有渊源。

杞县人陈连堂京城创立"厚德福"

清光绪二十八年（1902 年）杞县人陈连堂在北京开设厚德福饭庄，吸收了开封宫廷名菜和河南地方名菜之精华，成为北京唯一的河南餐馆。河南菜的特色是咸、甜、酸、辣适中，开业后，立即博得顾客青睐。1926 年，北京《晨报》有专访厚德福的文章称："汴中河工关系，亦精研饮食。遂有汴梁之名，而汴中陆多水少，且离海远，故以鱼类及海菜为珍品，加以烹调。京中豫菜馆之著名者为大栅栏之厚德福。"菜以"两做鱼""瓦块鱼""鱿鱼卷""鱿鱼丝""拆骨肉""核桃腰子""酥鱼""酥海带""风干鸡"等最佳，其面食因自制，特细致，月饼也很有名。"厚德福"设在前门外大栅栏中间路北，内中房子虽然简陋、陈旧，然而这个馆子做的菜肴却是非常可口。掌柜的名叫陈连堂，对豫菜很有研究，能做一手地道正宗的豫菜。账房先生是他的同乡，此人姓苑，世人惯称其苑二爷。这家饭庄的大股东是梁芝山先生，梁芝山是著名作家梁实秋先生的祖父。其魔力之大也可见一斑了。后来，厚德福饭庄曾在中国的上海、天津、南京等十几个城市及香港、台湾地区都有分号。

"铁锅蛋"：袁世凯、梁实秋的最爱

"铁锅蛋"是由开封民间极为普通的"涨鸡蛋"改进而来的，据说已有100多年的历史了。先说烹饪用的烤锅，最早用的是瓷碗，后来又改用铜碗，那为什么现在流行用铁碗了呢？据说这还与袁世凯有关。袁世凯有一次在豫菜名店"厚德福"品尝一番后，对"铜碗烤蛋"赞赏有加，但他发现烤蛋用的铜碗外面镀有一层锡，觉得有损健康，于是便让"厚德福"饭庄的大厨们改进烤具。没过多久，这种用寻常生铁制作的如海碗大小、上面有盖的小铁锅便问世了，而用这种铁锅烹制出来的"涨蛋"也就定名为"铁锅蛋"了。

铁锅蛋　来源《豫菜诗话》

"铁锅蛋"是豫菜菜系很有特色的一道菜，先将特制的铁锅盖放火上烧红，鸡蛋打入碗内，搅匀，放入火腿丁、荸荠丁、虾子和海米、味精、料酒、盐水，铁锅放在小火上，再将大油注入蛋浆中，并用勺慢慢搅动，防止蛋浆抓锅。待蛋浆八成熟时，用火钩挂住烧红的铁锅盖盖在铁锅上，使蛋浆糊皮

名店风味独特

发亮。"铁锅蛋"鲜嫩软香、色泽红黄、油润明亮、味道鲜美，食之令人回味无穷。

梁实秋先生的《雅舍谈吃》一书中有关于"铁锅蛋"的美文："……'厚德福'的铁锅蛋是烧烤的，所以别致。当然先要置备黑铁锅一个，口大底小且相当高，铁要相当厚实。在打好的蛋里加上油盐佐料，羼一些肉末绿豌豆也可以，不可太多，然后倒在锅里放在火上连烧带烤，烤到蛋涨到锅口，呈焦黄色，就可以上桌了。这道菜的妙处在于铁锅保温，上了桌还有吱吱响的滚沸声，这道理同于所谓的'铁板烧'，而保温之久犹过之。"梁实秋曾经品尝过南京的"涨蛋"，虽然也是同样的好吃。但是"蛋涨得高高的起蜂窝，节成菱形块上桌，其缺憾是不能保温，稍一冷却蛋就缩塌变硬了"。在梁实秋看来，"还是要让铁锅蛋独擅胜场"。"铁锅蛋"的制法在海内外都属少见，主要有三个特点，一是烤制工具须用特制的小铁锅，二是烤制时需上烤下烘，三是吃的时候需佐以姜末和香醋，这样才会有一股蟹黄的味道。1935 年 5 月8 日，鲁迅先生邀胡风夫妇夜饭梁园吃的就是这道菜。

吃出河南乡愁的饭庄

厚德福的门面不大，二层小楼接待不了那接踵而来的食客，长时间不装修，并且在一个地点，一副古老简陋的样子数十年不变。厚德福不仅菜美，而且颇具人文色彩。陈连堂给每一道菜赋予乡愁的味道，菜名起得具有浓厚的文化色彩。例如：有道菜名叫"杜甫茅屋鸡"，显然由河南籍大诗人杜甫及其名诗《茅屋为秋风所破歌》得来；"司马怀府鸡"则与三国司马懿有关，司马懿乃河南怀府人士；"鹿邑试量狗肉"来源于王莽追刘秀的传说；"包府玉带鸡"则是为赞颂包拯包青天清廉正直而起。诸如此类，不一而足。

厚德福还有卖元宵等小吃的传统，他们不仅在店堂里卖，而且把小吃摆在外面，派专人吆喝。其吆喝者嗓音洪亮，将声音传出老远。说起元宵，这让袁世凯和厚德福又扯上了关系。厚德福鼎盛时期是在民国年间袁世凯当政时。袁世凯是河南项城人，爱吃家乡饭菜。他经常在厚德福宴请宾客。他的手下人也投其所好，也经常把宴席设在厚德福。有一年元宵节前，袁世凯着便服来厚德福。他也想逛逛街，看看热闹，到厚德福门口没有进去，听到附近高声叫卖："元宵，山楂、枣泥元宵。"他听这声音觉得很刺耳，抬头又看到"厚德福"的牌匾，悻悻的往回走。他回府后下令，元宵一律改称"汤圆"。之后，有人编了个歌谣讽刺袁世凯："大总统，洪宪年，正月十五吃汤圆。汤圆、元宵一个娘，洪宪皇帝命不长。"

说起厚德福买卖兴隆的原因，梁实秋先生曾说："厚德福饭庄开业之际，正逢帝制瓦崩，民国初建，在袁世凯当国之时，他喜欢用河南菜肴待客，久而久之，一些官宦也投其所好，竞相效仿，使得厚德福声名鹊起，生意日盛。"

陈连堂在开封市惠家胡同 43 号有旧宅，他杞县老家双楼村还有祖宅。陈连堂发迹后曾在胭脂河街西、惠家胡同北买了一处大水坑，雇人填满土方，建筑了六座四合院，笔者现场考察时，已经不是旧时模样，无处可寻了。

顺风香十里的"长春轩"

十多年前，我在开封上大学的时候，晚上闲逛夜市，曾经吃过一回五香兔肉，大赞味美之时，一个同学说，开封里城南门的兔肉比这还好吃。里城南门？在哪儿？当时我并不知道这个拥有独特历史的地方。后来经过一番打听，从一旧书贩儿口中得知，里城就是满族人居住的社区，那里的咸兔肉十分有名。据说是选用冬三月野兔，经彻底风干，再用十几种香料并加有冰糖，且火候独到、采用蒸煮工艺，制出的兔肉颜色鲜、味香肉酥，入口即化，是风味独到的美食。特别是里城南门阎记和林塔爷家的五香兔肉最有名，称为"玛瑙兔肉"。里城南门的五香风干兔肉，香味厚重、后味清香、风靡百年。开封这地方，城古美食多，人口味儿特刁，非美味不食。据吃货们介绍，这兔肉还有一家更是著名，这就是长春轩姚肉铺。"长春轩"以具有独特风味的传统名产五香兔肉享有盛名。

历史悠久的长春轩姚肉铺

"长春轩"是一家熟肉制品店。近代以来，开封的熟肉制品店主要有猪肉、牛肉、羊肉，禽类、水族类，野味，杂畜，经过特定方法加工制作，成为各具特色及风味的肉食制品。根据制作方法和特点，开封的熟肉制品大体可划分为酱卤、烧烤、白汁，糟制、腌腊、干制，灌肠、油炸、熏制诸类。熟肉生产，历史上早有记载。熟肉销售始于酒肆、饭庄，以后屠业自行加工出售，出现了生熟兼营的肉店。随着技术改进，品种增加，销售扩大，出现了前店后作的专业熟肉店。

开封的熟肉业形成于东汉末期，为浚仪人（今开封）姚期所创。姚期经营着一家酒肉店，他烹制的熟肉浓郁可口，有一股异香，味道十分鲜美，享誉中原大地。他的酒肉店也天天门庭若市。从此开封一带的酱肉商号就尊姚期为同业先祖。新开设的肉店多以其姓氏名之，世代沿袭遂以姚肉铺相称。

历史名店长春轩酱肉店创于清嘉庆二年（1797 年），200 多年来一直沿用长春轩姚肉铺的名称，享誉古城，风靡汴梁。一度为古城开封七大熟肉店之列，闻名遐迩。河南其他地方如有长春轩字号者，皆由开封衍生出来，多是开封长春轩姚肉铺的学徒出师后自立门户，传承技艺和风味。

慈禧太后点赞的兔肉

长春轩姚肉铺以经营汉族肉食品为主，主要有荷叶肉、五香肉、火腿、熏肠、肘花、元宝肉、酥鱼等数十个品种，各类制品花样百出，传统风味独具特色。长春轩姚肉铺的食品独以野味最为著名，特别是五香兔肉。

"长春轩"专门挑选每年冬至至立春间捕获的野兔，为取其肉质肥嫩，草腥味小。所以，不是每个季节都可以吃到美味兔肉的。"长春轩"制定严格的生产标准，只选择 1.5 公斤以上的健壮野兔，肌肉肥嫩、无异味、完整无弹丸者为合格。辅料有花椒、大茴、小茴、砂仁、草果、丁香、白糖、肥猪肉膘等 10 余种。制作的时候先行扒皮开膛，取出内脏，挂阴凉处风干 9 天以上。再用冷水浸泡，分部位割块，入沸水中汆烫，除去污物、浮毛、筋膜等。分层摆入锅中，中心留出空隙，下入猪肚肥膘及花椒、大茴香、小茴香、砂仁、草果、玉果、豆蔻、丁香、面酱、冰糖、面糖等佐料，再浇入老汤。先以大火烧煮 1 小时，再用文火烧煮 1 小时，取出凉后，即为成品，呈块状，棕褐色，有油脂光泽。肌肉组织紧密，纤维层次清晰，无肥油，富韧性及弹性。成品色泽光艳、野味醇浓、五香调和、烂中藏脆，清香透骨，食之不柴，别有风味。

名店风味独特

素有"顺风香十里，逆风闻百家"之誉。

在开封，提起长春轩的五香兔肉，上了年纪的老开封会给你说上一段饶有兴趣的故事：1901年八国联军进北京，西太后慈禧和光绪帝出逃西安，后在返回北京的时候，曾在开封做短暂的逗留。这时的西太后惊魂稍定，便又大讲起进膳的排场来，每餐必须整整齐齐地摆满八十五个菜。极大的浪费不说，一时为难了地方官，这需要绞尽多少脑汁才可以讨好他们啊。当时的河南巡抚为了取悦太后，特地献贡了"长春轩"制作的兔肉请慈禧下箸。慈禧品尝了这独特的"五香野味"之后"心情大悦"，曾赞不绝口，临走时还吩咐带给到京城皇宫几块。这下，本来已负盛名的长春轩五香兔肉又沾了一点皇家气息，更加名动古城。

名师方庆云独家秘制

长春轩姚肉铺自清嘉庆年间开设以来，数易其手，先后由靳家、陈家经营。民国二十年（1931年），长春轩转由高歧周接手经营，店址仍然设在鼓楼南一座房子中，位于闹市中心。开封历史悠久，熟肉酱制名店众多，约有30家酱业商户，"长春轩姚肉铺""陆稿荐鸡鸭酱肉店""金陵教门马豫兴鸡鸭店""宜生斋""福兴斋"等比较知名。"民国二十二年（1933年），开封市熟肉商贩建立了酱肉同业公会，会址设在皂爷庙，会长由长春轩掌柜高歧周担任。

高歧周自幼从事熟肉制作与经营，技术精湛，业务娴熟，他招纳了得力助手方庆云做帮手，励精图治，苦心经营，保持和发展了长春轩的传统风貌，振兴了百年老店。

方庆云，祖籍是河北人，生于清光绪二十年（1894年），早年曾经在冯玉祥部15旅从伍，历任炊事员、战士、班长、排长等职。离开部队后，经岳清和介绍到开封名店长春轩酱肉铺跟随高歧周从事酱肉制作。由于方庆云苦心钻研，刻意求新，就逐渐掌握了卤制五香兔肉及多种酱肉的技艺。1938年，日军侵占开封后，社会动乱，百业俱废，"长春轩"濒于倒闭，迫于生计，方庆云到周口平店乡投亲，在其家中卤制酱肉。因灾荒战乱，民不聊生，生意萧条，难以维持生计。

1947年2月，方庆云重回"长春轩"，由于多年的实践和探求，他的酱肉制作技术有高超的造诣。其卤制的兔肉骨酥肉烂，紫红发亮，味厚醇香。加之经营有方，生意兴隆，深为店主的赏识和器重。1948年6月，"长春轩'毁于战火，方庆云夫妇遂于中山路北段430号开设酱肉店，自家经营。1958年，在对资本主义工商业进行社会主义改造时，酱肉业按地区进行合作，方庆云在改造后的鼓楼区酱肉总店"长春轩"酱肉店任负责人。

方庆云制作的酱肉除传统野味名产——五香兔肉外，还有风味产品酥鱼、熏肠、素火腿、荷叶肉、香肠、肘花、方块肉、火腿、烧鸡、卤下水等，均具独特风味，享有很高的声誉，供不应求。

方庆云制作的五香兔肉，选料考究，工艺严谨，风干的天数要以天气的阴晴和手感来确定。散料下锅时，辅料必须齐全，缺一不可。卤制的时间和火候的灵活掌握，做到心中有数。在经营方面，对顾客迎来送往，宾至如归，柜台、橱窗保持一尘不染。装酱肉的盘碟，一天换几次，用具更是每天涮多遍。几十年如一日注意食品卫生的良好习惯，给后人留下了良好的印象。

酱肉名师方庆云膝下无子，家无传人。1966年曾收吕宝成为徒数月，不久即身患重病，于1969年10月16日在郑州辞世。

包耀记：百年风味美名传

组织市民参加"穿越民国开封游"活动，在南书店街我给大家介绍包耀记的历史文化时，郑州一家媒体的记者朋友小声问我是不是卖包子的。他一直觉得开封的包子很著名，但是包耀记真的不是卖包子的店铺，包耀记以经营南北特产特别是南味糕点而享誉古城。店铺门脸上作有寿星、寿桃、绣球龙凤等中式图案的浮雕，上有包耀记金字匾额，店内柜台，货架既镶玻璃，又有细质的木雕花纹。在开封名店的建筑和装饰上，包耀记属于以中西合璧建筑艺术风格在商业上应用的先例。

包耀记位于南书店街55号，创建于清同治年间，距今已有150年左右的历史。创始人是包耀庭，祖籍南京，传说他早年是位举人，太平天国定都南京后因拥护天京政权，家人惨遭清军杀害，单身逃亡至开封，经同乡资助在当时学院门扛篮卖书谋生，逐渐有了积蓄。又因包耀庭擅长书画又懂金石，落脚南书店街西侧的酱醋胡同，挂起"包耀记大玩店"的招牌，挑担叫卖，走串公馆，并以此发家，遂于南书店街路东购买房地产，改名包耀记绸缎庄。因包氏不善绸缎经营亏多盈少，于是改营南货，更名"包耀记南货店"。

包耀庭去世后，包筱庭继承产业，他又将南京祖传房产变卖增加资本。除继续经营绍兴花雕、海参鱿鱼、猴头燕窝、银耳鱼翅等名贵商品外，又增添了国画颜料、湖笔徽墨、梳篦折扇、化妆用品等，进一步扩大了生意。清朝末年，包筱庭身体不好、无心打理生意，于是他的小老婆独自掌握店铺经营大权。但此人心术不正，"胳膊肘往外拐"，把店内物资财物捣鼓出去甚多。包筱庭的独子包俊生清朝末年毕业于开封师范学堂，30岁升任南阳邮政局长。闻讯家中生意出了大问题，立马赶回，起诉官府，请官家秉公裁断，才获得店铺继承权，得以重振门庭。

包耀记店铺外观

包俊生毕竟是受过良好教育的人，虽不善经商，却善于用人，且集思广益，博采众长。他采纳会计席石安"做生意要用精干的行家"的主张，先后从本号店员中选择善经营、会管理的3位骨干，分别委以重任。第一掌柜主外，长驻上海；第二掌柜主内，主管店内经营；第三掌柜负责市内采购和门店的管理。在购货方面，第一时间拿到低价质优的商品，在销售方面，既有价格、秤足、质量，又要照应买主，还要灵活掌握行情。由于他们精通业务，各负其责，又彼此密切配合，使包耀记的货源稳定，质量上乘，很快就把包耀记办得门庭若市，繁荣兴旺。

1934 年，包俊生又采纳了老雇员席石安的主张，进行并购扩张，接收了已经倒闭的郑州稻香村糕点作坊的全部设备和人马，在包耀记增设了细作车间，开始生产各式南味糕点。由于糕点掌案张六魁、崔子和等人技艺精湛，用料考究，火候适中，制作的糕点"入口甜而不腻，收口甜中透咸，酥松软绵爽口，色香味形俱佳"，因而很快打开了销路，占领了市场，受到古城人民的欢迎。

包耀记名产还有独具南国风味的云片糕、玉带糕、什锦南糖、肉饺、肉松、风鸡，熏鱼、虾子鲞鱼等。以精制糖粉、江米粉、头等丽粉、香油、蜂蜜为原料制成的云片糕，以及另加核桃仁、青梅、橘饼等辅料的玉带糕，经过精工细作，达到刀口平正，厚薄均匀，不空刀，不连底，香酥利口，松软绵甜，特别是莲带糕，还透出各种果香味。凡品尝过包耀记云片糕、玉带糕的人们，都会回味无穷、念念不忘。

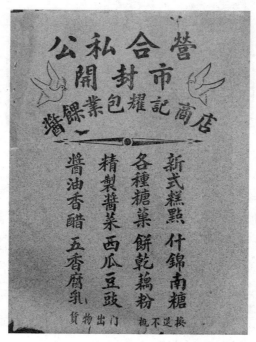

公私合营时期包耀记的馃签

包耀记的月饼，质量上乘，风味独特，既有广式、苏式月饼，也有当地人爱吃的酥皮月饼。每逢月饼季节，店门未开，就已排成了长队。人们登门观赏，品评鉴赏，吃一口饼，呷一口茶，别有一番情趣。慕名前来购买者更是不计其数。到了农历八月十五中午十二点，不管有没有剩余，月饼就不卖了，这在包耀记已相沿成习。

包耀记对员工实行人性化管理，对学徒不但严格管理，还从多方面笼络人心，最后让店员心甘情愿为其效力。包耀记员工的工资水平，在同行业中属于一流。除管吃外，还发给烟、酒、茶，包理发、洗澡。过年的时候每人还增发相当于三四个月工资的过节费。

1938年6月，日军侵占开封。包氏全家逃难在外，店铺被日军占领，大部资财被抢劫一空，损失2～3万银圆。值此兵荒马乱之时，只有会计席石安冒着生命危险守店。时局稍稳定后，他打开店门，每天卖一簸箩大枣，也要把钱如数交给掌柜。

新中国成立后，包耀记生意得到恢复和发展。"文革"中，包耀记的传统生产经营一度被斥为"黑货"，受到严重冲击，被迫停业长达10年之久。1979年，包耀记恢复老号经营，3间门面整修一新，经营品种有烟酒糖果、糕点饮料、罐头乳品，南北特产等10大类200多种。现在的包耀记已经改行多年，原址仅存店铺建筑。

名店风味独特

民国开封"四大共和客厅"

从来没有哪座城市像开封一样，遍地都是美食，随处可见的大小餐馆或者小摊儿，都充满了故都的风味，沉淀了历史的风貌。有些小吃一考证竟然是北宋流传下来的佳肴，而有些小吃本身就是寻常百姓家的三餐，因为味道可口，所以就被"私房菜"了。《东京梦华录》中记载开封有正店 72 家，饮食文化学者孙润田在他的开封饮食博物馆中标注了 30 多家。近日孙老师告诉我说郑纯方从宁波回开封了，他竟然找到了 50 多家。宋代的繁华已经烟消云散了，明清时期的开封也是依然不失繁华。《如梦录》一书记载的开封饭店、酒店、酒楼有 70 余处。清代黄河决口，城垣变小、人口减少，但因为河道署的缘故，丝毫不影响开封饮食业的繁荣。民国时期，开封工商业繁荣，1933 年开封市的饭庄、饭铺、小吃铺达 851 家，其中大型饭庄 19 家，中型饭菜馆 177 家，小贩铺 303 家。至抗战前夕，大小饭庄、摊贩的总数达 1528 家。仅鼓楼街就有饭店 14 家。相国寺内有饭庄 9 家、饭铺 55 家，其他小吃如稀饭、蒸馍、烧饼、油条、包子、煎包、面条、水饺、牛肉汤、油茶、凉饭等有 29 家。民国早期，开封最为著名的还是"四大共和客厅"。

阮籍在《咏怀》诗中曾写有这样一句："箫管有遗音，梁王安在哉！"我的感触不是回到古代的历史现场，而是踏在现在的土地上感慨民国的那些接待过名流的名店。1917 年 6 月 13 日的《大梁日报》第七版记载："景福楼、又一村、九鼎饭庄、迎宾馆，名目虽殊，总算共和客厅。"媒体把这几家拥护民国革命的餐馆誉为"共和客厅"，这就是开封"四大共和客厅"的由来。当时这些著名饭店高薪聘请名厨，在设备上力求精致，设有单间和大型餐厅，品种上刻意求精，服务上恭敬小心，经常门庭若市，生意火爆。在民国初年，"四大共和客厅"是开封餐饮业的领军餐馆。它们曾经在哪里？又有哪些特色呢？近百年的历史变迁，它们何处可寻呢？

先说景福楼，这个饭店位置极佳，就在河道街中间部分，与河道衙门不远，便于有钱的官员消费。一溜儿五间门面，后面是三进院。在开封这是大型饭店，早在1880年前后就开业了，1923年左右关门。著名的响堂赵开山就是这里其中的一名掌柜，光绪二十七年（1901年）慈禧太后回銮，路过开封，住在行宫，赵开山因响堂报菜，声音洪亮，押韵合辙，被赏银十两。这里的"清蒸丸子"以鲜嫩而著称，厨师陈敬制作此菜颇有特色，每盘均以内七外十一布局，流传至今。成菜色呈柿黄，鲜嫩清香，老幼皆宜。陈敬还有一道拿手菜——酒煎鱼。这道河南传统名菜以黄河鲤鱼为主料，用绍酒为主要调料制成，故名酒煎鱼。此菜由宋代市肆菜"酒煎羊"演变而来。清末民初景福楼名厨陈敬制作此菜最为出名。

再说又一村，取自南宋陆游名句"山重水复疑无路，柳暗花明又一村"的佳句。该店建于1908年，其经营的中外菜肴、各色细点，质量精良、品种繁多；店堂陈设古色古香、雅座幽静，颇具宋代遗风；餐具很有特色，筷子有银质、象牙、乌木；器皿有银、铜、锡、瓷。各种菜肴选料严谨，制作考究，力求食物之真味，具有浓郁的豫菜特色，颇受社会上层人士的赏识。

1923年，"戊戌变法"代表人物康有为晚年游学到开封，地方各界名流在该饭庄宴请他。康有为品味之余，亲笔题写牌匾"又一村"三个大字，还书写"味烹侯鲭"的条幅表示赞扬，于是该店声名鹊起，成为汴梁饮食业之翘楚。

京剧大师梅兰芳到开封赈灾义演时，赈灾委员会会长杜扶东首选又一村的厨师李春芳为梅先生"落作"。当时，开封各界人士争相宴请梅先生，而他对宴请仅是应酬，不等宴席结束，便回住处吃李春芳为他准备的饭菜。有一次李春芳特意给梅兰芳做出了一道菜叫"炒桂花江干"，梅先生吃得非常

名店风味独特

开心，并问用鸡油炒制是否会更鲜？李春芳说，试试看。试后品尝，果然锦上添花，风味更佳。时人盛传：梅兰芳、李春芳"同台"献艺；艺术家、烹调师"芳名"流传。

1940 年 7 月 14 日，又一村在《新河南日报》刊发广告称："包办各种酒席。菜蔬均是新鲜的，味美适合，与众不同的。设备宽大，幽静无比。招待周到，物美价廉。地址：山货店街路东。"全国政界要人和社会名流在开封的交际往来，大都到这里宴请。蒋介石到开封视察，都曾请"又一村"的厨师为其做菜。张学良、商震、宋哲元也都是又一村的座上客。

接着说九鼎饭庄，从南北书店街分界处往西不远，也就是徐府街的东头路南，这个地方原有一胡同叫张家胡同，该饭店就在张家胡同的隔壁。大门后面有院子，前边有散座，后边有雅座，可以承包各式宴席和堂会。如今的徐府街南侧前几年已经商业开发，张家胡同也无迹可寻了。豫菜名师苏永秀 1923 年出师后就受聘于"九鼎饭庄"，在这里奋斗多年。九鼎饭庄的"糟鸡""糟肉"比较知名。1930 年被苏永秀被又一村挖走，不久九鼎饭庄就关门歇业。

迎宾馆开业时间较早，可以上溯到清代光绪年间。关于它的文献实在是太少，我咨询了饮食界的几位老前辈，大都印象不深。后来在《开封饮食志》下册发现了它的蛛丝马迹，原来它在南书店街。光绪三十四年十二月十二日（1909 年 1 月 3 日）的《开封简报》有关于"迎宾馆"的记载："日前南书店街迎宾馆对门王姓家，拏（注：拿）获园三会匪类于化龙……"这座"迎宾馆"已经消失在岁月的河中，已经无法再去探寻它的风味和故事了，仅仅留下了名字供后人凭吊或者怀想。

这"四大共和客厅"除了"又一村"改名为"又一新"，在今天的寺后街北侧，享有"豫菜黄埔军校"美誉的又一新还在正常经营，百年来，地址、店名虽然变动了几次，店面还在。其他三家"共和客厅"已经无迹可寻。建筑可以异地重建，美食可以传承发展，味道可以继续流传。开封的这"四大共和客厅"基本上停留在部分方志的只言片语中，它们的故事却潜藏民间，在岁月深处风化成一阵美味香风，诱人驻步，令人遐思……

民国开封八大名餐馆

民国时期开封不但有"四大共和餐厅"，而且还有"八大名餐馆"，这八大名餐馆来源于1935年的《陇海铁路旅行指南》一本书，该书由陇海铁路管理局编译课出版，介绍沿线城市的时候，把开封的又一村、雅北饭庄、现代饮食店、美新饭庄、小大饭店、味莼楼、宏源饭庄、合昇饭庄，称之为"汴垣八大名餐馆"。又一村我们在《民国开封"四大共和客厅"》一文中已经作了介绍，在此我们就主要说这八家著名餐馆的其余七家。

雅北饭庄在南书店街路东晋阳豫南隔壁，是由宣统皇帝御膳房的厨师宋登科开办的。宋登科从皇宫流落到民间，在开封变卖了宫中名画得到了资本先是卖冰激凌，后来才重操旧业，饭店门口悬挂"御厨宋登科"的招牌，分外吸引人。雅北饭庄的菜肴不仅保持了食材本身的原汁原味，通过技术改良后调料还进一步提鲜。他烹制的白煨熊掌、红扒熊掌，被誉为"天厨奇味"，名震中州。

雅北饭庄门庭若市，车水马龙，显官达贵、文人学士和富商大贾络绎不绝，争相品尝，生意十分兴隆。雅北饭庄1935年后就停业了。

现代饮食店就在鼓楼街路南，由张少振开业于20世纪30年代初，主要经营中西餐，又名现代小餐馆、现代小餐厅，是文化界人士喜欢去的一家餐馆。1933年的《复旦同学会会刊》旧刊载了一篇开封同学分会欢迎一位李博士的稿子，"本拟设筵公宴，适李师以酬应太多，而行期又迫，未得举行。

乃于七月十一日下午假开封最著名之'现代饮食店'开茶话会，以表欢迎。"陈景和、陈景胜兄弟曾在此干过。

美新饭庄在南书店街中间路西原鼓楼区政府大门南邻位置，原西北银行旧址，如今也是旧迹难寻。据《开封饮食志》记载，该店开业于1923年左右，有工人六七十名，店主请来道励斋、陈俊山、蔡俊曾为灶头。该饭店的菜肴名气很大。1934年6月28的《河南日报》曾报道中国中学董事长余仲衡在该店欢宴河南省城各界名人，并发表记者谈话。

小大饭庄前几年我还见过一次，不知道还是不是当年传承下来的那个小大饭庄。它在铁北街还是没有竞争过另一家饭店，很快也是关门歇业了。小大饭庄开业于1929～1930年前后，其位置就在鼓楼街北侧，现在新生饭庄就是小大饭庄旧址。在当时，这个饭店属于大型餐馆，有一间门面，三进院子，主要经营对象是商人。股东是南关煤油公司的经理鲁子钰，掌柜是宋新祥。大约在1955年下半年关门停业，1956年公私合营后，联合食堂搬到此处，后来新生食堂又搬到这里。

味莼楼开业于1912年的7月9日，位置在南书店街北头路东。前后三进天井院，并有礼堂一座，可以承办结婚祝寿等大型喜宴。当年这里门庭若市，结婚用的洋马车和富豪权贵的小汽车经常光顾。院子里面各餐厅内设有当时实行的手拉风扇、宽敞整洁、舒适雅静。临街前设有柜台和通道，可以进入各个天井小院的餐厅。味莼楼的菜以干净卫生、适量价廉著称。1912年7月12日《大中民报》刊登有《味莼楼饭庄择吉日开张广告》，称"饮食之道总以洁净为宜，则于卫生有觉大妨碍。至食品多寡，尤以人数多少为比例。若一二人随意小酌，亦概用大件，于主领者甚为不便。本馆有鉴于此，特择适中之地，聘请调羹名手，于阳历七月十号开张，其内容特色开后，知味者请惠顾敝馆，当知言之不虚也。"当天的广告介绍了味莼楼的六大特色：一是地址最为适中；二是房屋清洁，楼上宽敞明亮；三是伺候周到，服务到位；四是该馆的小吃备有蒸食、炉食及应时点心，宴会则有各类新式菜品及挂炉烧烤；五是他们备有菜单，常用菜分大小两种，明码标价，一目了然；六是声明了概不记账，菜肴定价格外优惠。

味莼楼是由尉氏县一姓常的掌柜开设，开业不久，常掌柜就规定，凡是在本饭庄生病的老师儿、徒弟，其医疗费用均由柜上支付，不扣发员工的工资，不影响员工的小费。开创了民国初年开封馆业实行医疗报销的先例。正是有了如此诱人的政策，招来了诸多名厨和管理人员，有不少是从其他饭馆跳槽而来。味莼楼定位高端，其经营对象主要是邮电、文化、新闻界人士，"谈笑有鸿儒，往来无白丁"是当时这里的真实写照。当时教育厅厅长李敬斋、齐真如，河南大学的教授、文人雅士经常光顾。当时的河南省主席刘峙和夫人也闻香临门，品味"熏鸡丝烩腐皮"之后赞叹不已。后来因为书店街扩街，味莼楼临时搬到了徐府街营业一段时间。1937年迁至南书店街南头路西103号，1949年8月停业。

宏源饭庄在中山市场后街（今寺后街）西头路南，有两进天井院儿，员工六七十人，民国年间是开封的大型炒菜馆。大概开业于1920年，主要经营对象是省政府中下级官员。

合昇饭庄开业时间不详，其位置很好。在南书店街与河道街交叉口西南，前为门面，后面是小院。这个饭店接待的都是教育界的人士，当年河道街是省教育厅所在地。教育厅掌管全省教育之大权，择校升学、教师招聘、工作调动、职称晋升等都要花钱向有关负责人"上供"，除了真金白银之外都要到合昇饭庄大吃一顿。李道祥曾在民国时期的河南省教育厅工作，他在《二十年代在开封和豫东》回忆文章中写道："刘峙当省主席时，社会上广泛流传以刘的太太杨庄丽为首出卖县的'缺'，头等县3000元，二等县2000元，三等县县长及县公安局长各是1500元。买卖做妥之后，买官人再请有关人在开封南书店街北头、河道街西头那个拐角处的合昇饭庄享用一顿美餐。那时教育厅在河道街，厅内同事上下班经过合昇饭庄门前，看到明晃晃的新洋车，一辆接一辆排得很长，谁能不注意？到了厅内，各人将自己了解到的情况，你一言我一语地谈出，久而久之，就知道了一些内情。"

合昇饭庄的顾客嘴刁，培养了一批高级厨师。1929年至1931年，高寿椿随父高云桥在合昇饭庄当学徒。高寿椿通晓中西餐制作，汇集回汉两种烹饪技艺于一身，他制作的干煎糟鱼、扒酿猴头、如意冬笋、白扒鱼翅、锅贴豆腐等著称于世。他的煎藕饼、清汤素鸽蛋，从制作到风味巧妙入微，在开封独树一帜。清汤素鸽蛋不仅汤清醇厚，食时挂唇，且手工制作的素鸽蛋小巧玲珑，几可乱真，颇受食客与同行赞誉，人称家传绝招。这都得益于当年他在合昇饭庄的学习和实践，见过大市面才有大格局。

宋海亭与梁园春饭庄

我个人认为开饭店、开澡堂都是需要苦心经营的，服务、质量必须要跟得上，过去是这样，将来还会是这样。今天咱就来说说民国时期开封另一家大型餐馆——梁园春饭庄，这个名字很文艺，似乎在古代不少诗句中出现过，同时地域性很明显，既文艺又随意，低调奢华受人欢迎。梁园春饭庄的老板宋海亭是个有争议的人，原因是他曾在日伪时期给日本人干事，《开封市志》（第三册）说起他时讲："民国二十六年（1937年）抗日战争爆发，次年六月开封沦陷，原开封商会领导杜秀升等避亡西安，由汉奸商人梁园春饭庄经理原商会执委之一宋海亭出面维持，继而组成伪开封市商务会，宋出任会长……"宋海亭这个人经历很复杂，经历了清朝，进入民国后生意做得很好，开封沦陷后又当了汉奸，给日本人做事的时候却注意维护开封商人的利益，关系很是微妙。

"众筹"开设梁园春饭庄

关于宋海亭的文献留存的很少，笔者从民国时期的报刊发现些零星线索，梳理出开封梁园春饭庄的大致情况。说梁园春饭庄离不开宋海亭，先说说宋海亭吧。《河南文史资料》有一段《伪商会会长宋海亭小传》："宋海亭，冀南之南乐县人。幼为县署队勇，所职如现在县署之警备队，以工于心计，遂升队长，集资设一梁苑（园）春饭馆于开封，是为宋氏置身商业之始。宋善联络，当时调查馆业设备，以梁苑（园）春为第一，故宋氏乃小有声名。"

这里面呈现的信息很重要，说明宋海亭籍贯是南乐县人，前清时代，曾经在县衙干过武警或者安保工作，后来因为会混，当上了县警备队队长。民国之后，他在孙殿英部当过十多年军官，退伍后在开封开梁园春饭庄。利用"众筹"的方式，发行"酒席票"，共有 70 多人参与购买。这"酒席票" 是用木刻版印刷的，上面印有梁园春饭庄字号，两旁印有开票年、月、日、地址。有人的地方就有江湖，有江湖的地方就离不开请客送礼，梁园春饭庄发售酒席票，供顾客购买，作为礼物馈赠亲友。宋海亭按购票人出钱多少，在票纸中间用毛笔书写凭票取多少鱼翅或海参席若干桌、酒若干斤的酒席票交给购票人。购票人可用于送礼，也可在饭庄设宴，或由饭庄派厨师携带行灶到顾客家里作宴席。

梁园春就在鼓楼西跟前，位置极佳。加上宋海亭善于经营，饭庄每天顾客盈门。宋海亭先是担任灶君会（清末民初开封饮食行业的群众性组织）的会首，1927 年 12 月，在政府的监督指导下，灶君会依据法令改组成立馆业公会。大概在 20 世纪 30 年代初，宋海亭被选为馆业公会会长。《开封饮食志》（上册）记载："1931 ~ 1932 年馆业公会也曾与国民党政府做过斗争，如宋海亭当会长时曾抗交宴席捐，和当时的开封县县长郑康侯作过斗争，后各大餐馆被关押一人，宋海亭亦被押。一个星期后，抗捐失败，只好执行 10% 的宴席捐。"

关于这次抗捐笔者在 1932 年 5 月的《河南政治》月刊发现了记载，根据开封馆业公会呈报，"宴席捐改为百分之十，请分别免征。又请照包缴办法，永不抽收客人分文等情。当经训令开封县政府查复，旋据先后呈报，此项宴席捐原系出自客人，嗣经商会及馆业公会调解，由各馆认定数目。每月照缴并无核减成分事情。应准照旧办理各事情。当经训令商会转饬遵照。""又据开封馆业公会宋海亭呈请豁免，经批示，查此案前据财、教两厅议复，该县教款困难，此项宴席捐出之食客，与馆业无损，应准保留。"政府说等筹到了新的款项，以后可考虑豁免该宴席捐。因当时开封商会对馆业公会的抗捐斗争不支持，宋海亭公开骂他们说："商会不叫商会，叫骡子行。"

沦陷时期的梁园春饭庄

1935 年梁园春饭庄迁到南书店街北头与河道街交叉口的 42 号原合昇饭庄旧址，扩大了十几间餐厅。在《河南民国日报》记载说："设备精良，极合卫生"，"内分中餐、西餐两部，另有礼堂一所，专备结婚喜庆之用，房间宽大，设备精致，各种食品，无论中西两餐，卫生适口，价亦低廉，为生活唯一之食堂"。1938 年 6 月 6 日日军占领开封之后，奸淫掳掠，开封商会办事人员四处逃散，办事机构瘫痪，全城数以千计的商户任人宰割，有的倾家荡产，损毁殆尽。当时省会警察局南迁改编为省警察总队，"后由商会宋海亭等人组建开封临时警察局，外辖东、南、西、北、南关 5 个警察分局"。（《鼓楼区志》）

日寇侵占不久，敌伪的地方维持会、新民会等相继成立，这些伪组织的特务、汉奸到处敲诈勒索，横征暴敛。宋海亭当时帮助日本侵略者督促各商店恢复营业、组建临时警察局，受到日军特务机关称赞。商民为维护商户的利益，也想找一个能和敌伪打交道的人出任商会会长。

当时宋海亭已 50 多岁，以粗中有细见称，他对日军向沦陷区商店提出的要求，有时敢于提出不同意见。他常对日本负责人说："我不替商人说话，他们不信任我，我想替你们出力也就不顶用了，商号关闭的多了，对你们也不好看。"他的话有时发生一些效力，所以各商店的经理们，对宋海亭相当信任。（参阅邢汉三《日伪统治河南见闻录》）于是商户们就推出宋海亭当商会会长，同章照相馆经理李秀峰为副会长，与原来常委中其他 5 人组成了维持会性质的商会。"宋海亭既已选为会长，于是各大商号，为保存号产计，先后聚集会中，第一备白布袖章一枚，人书商会会员，为通行唯一之保障。第二则由各大商号集资致送日寇慰劳物品，表示降伏意义。"（参阅 1945 年 12 月 6 日《中国时报》载禹鼎《开封沦陷记》）"时日寇至商会，勒索供应，

· 079 ·

名店风味独特

动辄以武力强暴迫胁，宋以曾任队长故，颇有胆力应付。日寇常向商会索款，宋拒之曰：兵荒之后，民鲜盖藏，如我宋海亭者，身为会长，罄其所有，难足千元之数，商户何有巨款可输？以故商界赖以少安。"（《伪商会会长宋海亭小传》）

宋海亭能当上会长，还有一层原因是他是青帮在河南的大头目。1940年日本宪兵队头子高桥浩将中华同义会整顿、充实，作为宪兵队的外围特务组织，网罗青帮成员宋海亭（商会会长）、李秀峰（副会长）、周秀庭（警察局长）、邢幼杰（《新河南日报》社社长兼新民会会长）、周伟呈（医药公会会长）等为主要负责人，高桥浩以顾问名义作总头目，别的主要负责人也都是青帮。宋海亭任组织处长，李秀峰、周伟呈任副处长。因为他三人在青帮中辈分高，按帮规辈低的须服从辈高的，所以开封不少大掌柜、二掌柜，或是跑外交的为不受各色特务的敲诈，都拜宋海亭为师父，作为靠山。

1939年梁园春商丘开设分号，邢振远为领事掌柜，负责经营管理。1941年9月12日，宋海亭在日伪报纸《新河南日报》刊登《梁园春饭庄》广告云："新聘超等厨师。改良夏季西餐。味美应时适口，每份经济价廉。座位清凉优雅，风扇设有十架。小吃格外公道，欢迎各界顾主。"

"宋直性径行，遇事少敷衍，日人乃借故勒其停职"。1942年副会长李秀峰接任会长，成为日军的一条忠实走狗，为日本侵略军筹粮筹款，捐献物资，不遗余力。宋退职后，常对人说：他在商会三年，身被枪弹击中三次，面脸上被人打过471掌，"余每受一掌即于卧室墙上记一符号，故得记其数目。如此遭遇，亦可告无罪于商界矣"。

宋海亭忙于商会，后来没有时间经营梁园春，这么好的一个饭店竟然亏损巨大。1943年梁园春被改组成旅馆，他本人则单独到了许昌，去经营其他商业，也是不顺利，后来客死异乡。

晋阳豫：梅兰芳点赞的百年商号

1995 年，我初来开封，在感叹宋都御街的古典之后又惊讶书店街的内秀。记不清是走过多少家书店之后了，在一座典雅的建筑前我驻足良久。那是一座面宽五间的门面房，扶墙壁柱，上下窗间墙有层层出挑的磨砖线角，墙面装饰有寿星、寿桃、龙等中国传统浮雕，二层上有三米多高的女儿墙，墙面布满浮雕，给人以高大华贵的感觉。这个店铺当年一定资本雄厚，在清末民初也只有财大气粗的店主才会有如此豪华的建筑。建筑风格具有东方建筑的古典庄重，又有西方建筑的简捷大方，建筑属巴洛克式西方近代建筑风格。这就是"晋阳豫"。那时我看到的晋阳豫和包耀记一样，都已经改行了，不再经营过去的营生。但是，至今老开封人都津津乐道晋阳豫的传奇故事，这个一向以经营高档南货、海味及糕点著称的百年商号，曾经受到梅兰芳先生的交口称赞。

三易其地，业兴汴梁

和所有的传奇故事开头一样，创业伊始的晋阳豫也是历经波折。老板唐禹平是苏州人，1853 年，太平天国的军队进攻苏州，唐禹平为避战乱携家人和一大宗南货北上，初到山西晋城，次到阳城经商。由于不分寒暑，苦心经营，资本大增。为了做大做强谋求发展，他经过多年考察看中了地处中原的古都开封。同治十年（1871年），唐携全部财物迁来开封。在徐府街整理店铺，挂起"晋阳禹南货庄"的招牌。"晋阳"二字是纪念其在山西晋城、阳城两座城市创业的经历，"禹"字是从南方人经商带本人姓或名的习惯，以示专有，就像马豫兴、包耀记等。

晋阳禹南货店品类繁多，款式新颖，奇货可居，顾客接踵而至，盈利骤增，名声大振，晋阳禹在开封开了局面。后迁河道街内经营。

数次转手 商号不败

开封大财主王渭春于光绪三十四年（1908年），在东闸口投资白银4万两建"福豫煤厂"，建有自己的铁路专线。王渭春在民国初年曾经当过河南铜元局的局长，乃是一方土豪，他看中的东西没有买不到的。传说有一次他到"晋阳禹"买东西，看中了一套精制瓷器，画面是"张生戏莺莺"，甚为欣赏。但"晋阳禹"以样品陈设为由不卖，王渭春很生气。没多久，王渭春便在河道街开设了"云桂芳南货庄"，既炫耀自己富有，又与晋阳禹唱起了"对台戏"，展开了激烈的竞争。

常言道："不怕贼偷，就怕贼惦记。"这个王渭春千方百计诱唐禹平出盘，并时不时地暗中使"绊子"。外乡人唐禹平不敢压"地头蛇"，于是便以年迈体弱、思念故土为名举家南返，将晋阳禹"兑给"了王渭春。王渭春接手晋阳禹后，立即将字号改为"晋阳豫"，聘请马衢云担任经理。鉴于原晋阳禹的声誉和王渭春的地位，晋阳豫易主后生意继续兴隆，名气愈来愈大。但好景不长。1931年前后，王渭春开办的汇通银号倒闭，债台高筑，不得不将各商号店铺变卖还账。

晋阳豫便被马衢云买下。从此，马衢云对店内业务更加悉心经营，他想法结交权贵，为豪门富户的红白喜事操办酒席，获利甚厚。但连年不断的军阀混战加上当地官府的勒索，使马家的商号惨淡经营，到1933年不得不将仅剩下资产5000元的晋阳豫也交给侄子马幼衢经管。

马幼衢接管晋阳豫后，多方筹资，重整旗鼓，经过一年的筹备，于1937

年下半年托人说合，租赁南书店街路东冯姓门面五间和后院。粉刷修整房舍，派专人到上海请书法家唐驼撰写"晋阳豫"金字横匾，悬挂前厅大水银镜上方。待门面装修一新，于年底迁至新址，门额左右精工镌刻着"江浙名产、云贵名药、山珍海味、鱼翅银耳"十六个大字，十分气派。经营品种除原有的名贵南货和滋补品外，又增加了干鲜果品、南糖蜜饯、烟酒罐头、荤素腌菜和各种小食品，同时增设糕点作坊，自制自销风味糕点和时令食品。由于坚守"货真价实、童叟无欺"的信条，晋阳豫门庭若市，再创辉煌。

人走店风存，独特的经营风格

晋阳豫几经易主而不衰，主要是经过数十年的苦心经营，已经形成了自己的经营风格，代代相传。把握远近行情信息和市场变化，择人善任，用人不疑，进货严把关，热情待客，广交社会名流。如店内有一种从高山石洞内采集来的稀有植物金钗石斛，有润喉消音之奇效。著名京剧大师梅兰芳来开封演出时，晋阳豫便派人送去金钗石斛。金钗石斛为多年生草本，外形像古代头上的发钗而得名。梅兰芳服用后赞不绝口，使晋阳豫迎来了众多演艺界的朋友。

员工们以店为家，在晋阳豫最困难的时候都能全力维持。如 1938 年 6 月日军占领开封后烧杀抢掠，晋阳豫轮番遭抢，损失惨重。幸亏员工们冒着生命危险看守店铺，待局面稍稳定后又重整残存商品维持营业。当时，连工资都很困难，可大家风雨同舟，艰难支撑，终于迎来了抗战的胜利。

名店风味独特

清末民初开封饮食业的"七角活"

现代管理讲究岗位职责，张三干什么，李四做什么，岗位操作规程写得清清楚楚。按照岗位说明书每个人都可以找到自己的定位，各司其职。而在百年前的开封饮食业也是如此，虽然没有像现代企业管理的规范化，却也是井然有序，每个人都有自己的活儿，知道自己是干啥的。著名厨师宋炳洲在《旧事琐谈》中回忆饮食业的"七角活"的时候说："在河南较大的馆子里，按工种分为'七角活'，即：一堂、二柜、三灶、四案、五面案、六大锅、七外堂，外带烧烤，故又称为'七角活会八角'。"今天我们就来了解一下清末民初开封大馆子里面这分工明确的"七角活"。

一堂，指的是堂倌。无论是大饭庄还是小饭馆儿，堂倌非常重要，因为他是与顾客直接打交道的。堂倌得先学徒三年零一季，师父带徒弟，叫他们要记住四个字"勤、和、清、净"。开封的餐馆讲究"响堂亮灶"，有的把灶立在铺内的前脸儿，堂倌在堂口一喊菜名，灶上的勺声当当连响，显着饭座儿多，买卖兴隆。顾客进来，堂倌找了座位，立刻沏茶，稍等一会儿，才问客人喝什么酒，要什么菜。早先的餐馆都没有菜牌子，各样菜名，堂倌全是记在心里，顾客让他报一报菜名，他马上就报出许多菜名来，口齿清楚，滚瓜烂熟。堂倌还得随机应变，比如说，客人要个烹大虾，其实今天他们柜上并没有大虾，他不说没有，而立刻回答："我实话给您说，今天有大虾不新鲜，您换个其他的吧。"顾客听了，信以为真，认为这个堂倌挺诚实，还很高兴。

堂倌分徒弟、小老师、堂头。徒弟干副活，如扫地、擦洗桌凳门窗，刷洗小家具、倒痰盂，热天递扇子，冬天烧炭火盆，关门后揉毛巾、洗台布等。聪明伶俐的徒弟，有时还外出要账。小老师在每天营业前必备好所用的作料。堂头为一堂之长，指挥餐厅的一切，选派外出落作的人。如有整桌酒席，由堂内的师傅接洽，将客人的帽子、衣服、文明棍等接过来后，根据来客的身份、宴席的等级，分别上进门点心（如火腿饼、萝卜丝饼、口蘑粉汤、荷包蛋等）。待客齐后，让客入座，上干果门碟，冷菜……上菜中，徒弟跑菜，师傅盯桌。对于零座客人，老师、徒弟均可接待，其服务程序是：让座、冲茶、拿干果、递毛巾、说菜、开台（响堂）、压桌、上菜、送客等。

算账的时候，堂倌当着客人的面儿，不用算盘，也不用笔，按着每个盘碗说菜名，报价钱，一个一个地加在一起，不管多少样，清楚利落，一连串算下来之后，再重复一遍，前后的钱数，单的总的，一分也不差，然后把总钱数告诉顾客。主人结账之后，堂倌端来洗脸水、漱口水、毛巾、牙签、茶水伺候客人漱洗。客人走时要送出餐厅，由外柜将其送出门外。堂倌这时回去检查有损坏或者丢失的东西没有，并查看客人是不是遗落东西，这样才算招待完一桌酒席。

当时有名堂倌传菜声音响亮、押韵，并善于察言观色、体谅人意。清末，慈禧"辛丑"回銮，路过开封，堂倌赵开山响堂报菜，被赏银 10 两。赵开山夏季着白布衫、黑裤子、礼服呢鞋、白水裙、滴油不沾、干净利落、举止有度、引人注目。他响堂报菜，口齿清楚、音调清脆、颇有韵味。他端的清汤必以口蘑汤调味，清香味长，顾客无不称绝。他能体察顾客心理，依照老人、中年人、孩童而分别介绍的菜点无不称心如意，且服务周到，"想客人之所想"，自有风格特点。所以在民国年间，有些老顾主非他接待不能满意，颇受欢迎。堂倌张少林，嗜洁成癖，衣着整洁，围裙雪白、纤尘不染，传说冯玉祥见他就使礼，并问："你当个堂倌穿这么干净干啥？"在餐饮业中，与顾客接触最多的是堂倌，饭馆能否招徕顾客、生意兴隆与否，很大程度，取决于堂倌能否善于应酬。因此，凡有名的堂倌都享有比较优厚的待遇。

名店风味独特

二柜就是柜先，有外柜（主管业务）和坐柜之分。外柜管接活儿，定酒席，下菜单，有时也开酒席单，记流水账管现金。坐柜负责接洽包桌和开列酒席菜单，管零散顾客膳后结账，还要在顾客进店后打招呼、问好，做到来有迎言，去有送语。坐柜是一个统筹全局的角色。坐柜既要做好供应工作，又要关照店堂服务工作。接洽宴席后，负责根据客人的身份、按照宴席的等级安排雅座，帮助选择肴馔、面点、酒类、饮料、四时果品。闲时还要做些剥蒜头、刮姜皮、挤虾仁、捅莲子、择韭菜等杂活。

三灶，在开封，灶分为首灶、二灶、三灶，若以人区别，则分为灶头、拉汤、徒弟。灶头有丰富的烹调经验，负责灶上的全面工作，占用首灶做活，主要烹制头菜及爆、炒、烹、炸、煎、溜等烹调方法的菜肴。拉汤是灶头的主要助手，负责汤锅，如制清汤，也负责炖、烩、熬、焖等烹调方法的菜肴的初步热处理，然后交灶头烹制，有时也制作烹调方法简单的菜肴，还要给灶头拾掇火、打扫卫生。徒弟的工作主要是干各种杂活。开封著名的灶头很多，略举几例：黄润生，1922年由赵廷良介绍，受聘于"又一村"从事灶头执勺，历时20余年之久。王凤彩，大中华、又一村灶头，他的熘鱼、烧冬笋、炸腰穗等菜很出名。马文祥，因排行老三，开封人称马三爷，山景楼灶头，此人脾气暴躁，但干活大胆手快路熟，有巧法，一锅能熘5条鱼，而且品质又好。

开封到处都是美食

四案，具体分为案子头、小老师和徒弟。案子头指挥案上的全部工作，解决疑难问题，负责一桌菜的头菜，做活鱼等重要菜肴的切配。小老师是案子头的助手，负责拿中间菜及零星报菜。徒弟帮助老师拿菜、顺菜、打下作、剔肉、分档取料，刀工处理、拉鸡脯、剁鸡臊等，关门后收作，刷案板、菜墩，磨刀，给老师洗水裙等。民国时期开封比较著名的案子头如黄国庆，本人吃素，他的素菜、素酒席很出名，自从开黄记饭庄，有"小又一村"之称。路文福，合升饭庄出来的徒弟，曾给汪精卫当过两年厨师，后在梁园春当案子头。王保礼，先在玉楼春干案子头，后到又一新，曾开过一个月顿顿不重样的菜单。

五面案：任务是根据不同季节，制作各种花样主食，擀、切、拉不同形状的面条和馄饨皮，炸烤不同面团馅儿心的炉式点心馅儿饭。老师主要掌握蒸、炸、煮、烙、烤、煎、炒的全面技术，负责兑碱以及各种面点的制作。徒弟做杂活：刷洗工具、化碱水、揉面、擀面条、淘米、砸所用带壳的果品原料。面案名师王柱三，开花馍、大小面仙、江米糕、绿豆糕等都十分拿手，能在半月内每天做出不同样的点心。姚俊海的锅贴最出名，能用两个擀面杖擀皮儿。薛延庆，据说他做的面条放在车辙沟里碾不断。

六大锅：大锅即蒸锅，用人不多，较大的店一至二人。负责各类哈、蒸、熥的食品，如扣碗、甜菜、干稀面饭，烹调方法中的干蒸、清蒸、生鲜蒸、芙蓉蒸，余煮大肠、肚子、及回锅的半成品。每天煮汤起头汤，负责下水清洗、搪火及修理炉灶等。

七外堂：干餐厅以外之事称外堂。此角活多，如杀鸡、洗鱼、送请帖、掏抬煤渣、倒污水，洗刷盘碗等，外出落作抬食盒、拌煤、磨刀、捶洗抹布等，下班后清点小餐具。

说完了"七角活"，那么会八角是怎么回事呢？这可不是调料中的"八角"啊，指的是第八种分工，其实就是烤鸭师，负责填鸭、烤鸭，在店用焖炉烤，外出落作用明炉烤。烤鸭师在烤鸭的同时，还兼烤叉烧肉、烤方、烤乳猪等。

名店风味独特

名吃名满天下

唱戏的腔 豫菜的汤

高寿椿生于厨师之家，父高云桥原为开封清末民初大型餐馆景福楼饭庄的灶头。高寿椿14岁拜师学艺，几十年刻苦钻研，终成豫菜名师。1943年返回开封，在马道街南头路西民乐亭饭庄任厨师，后任掌柜。他精通中、西餐的制作。无论是山珍海味、鸡鸭鱼肉，或是家常蔬菜，他都能得心应手地烹制出色、香、味、形俱佳的珍馐肴馔。他制作的煎藕饼、清汤素鸽蛋，制法巧妙、风味独特。特别是清汤素鸽蛋，不仅汤清醇厚，吃的时候唇齿留香，手工制作的"素鸽蛋"小巧玲珑，几可乱真，是颇受赞誉的"家传绝技"。

豫菜大师苏永秀在做清汤佛手鱼翅这道菜的时候，总是先将冬菇、冬笋、火腿切成丝之后，再把发好的鱼翅撕成批儿，用开汤杀一下。鱼翅和配料做成佛手形，摆在鱼盘里，上笼蒸熟。锅中再添入清汤，兑入调料，烧开盛在海碗里，把蒸好的佛手鱼翅顺入汤碗内即成。这道菜的特点是清香利口，美观大方。苏永秀的另一道拿手菜是清蒸燕菜，这道菜采用燕窝作为主要原料，从古至今，开封都以这道菜作为宴席的首菜。清蒸燕菜选料精细，制汤考究，调味精到，充分展现豫菜之汤文化，被誉为汤菜之首。

汤是豫菜的灵魂

没有了汤滋养，豫菜仿佛缺少了灵魂。就像一个艺人，调拿捏得恰准，但是腔不好听，嗓音不美，影响观众审美。鲜汤，对菜肴的质量影响很大，一个厨师如果不会吊汤，一定成不了名厨。民国时期，饭馆的响堂端给客人的清汤都是清香味长。

鲜汤是烹调中的主要调味品之一。俗话说："无汤难成菜，无菜不用汤。"鲜汤分奶汤和清汤两类。鲜汤主要是给菜肴提鲜，增加口感，具有味精或者鸡精远远无法达到的醇正。制作鲜汤采用新鲜味美、营养丰富的动物性原料，加水熬煮，取其精华而形成的香浓味鲜的汤汁。

"吊汤"是一门专业技术

豫菜的汤大致可以分为四种，即头汤、二汤、白汤和清汤。头汤又叫原汁汤，是将鸡、鸭、肘子、骨头等原料，洗干净后放入清水汤里加热煮制，待肉煮到八九成熟，拆骨肉能剔掉时，把油撇出来就是头汤；二汤又叫毛汤，把拆过肉的骨头放入水中煮制，边煮边添入清水和鸡骨碎料等；白汤，也叫奶汤，将骨头和鸡、肘子一起放入清水锅里，盖上锅盖用旺火煮制，待骨髓油出来，汤呈乳白色即成；清汤是用鸡脯肉制成泥加水澥开，倒入晾好的头汤锅里，汤刚开起来的时候，滤净浮沫即成。

制作奶汤的时候火力小会使汤汁不浓白。制作清汤的时候先用武火烧沸后换文火微煮。在烹制不同菜肴时往往选用不同的汤，如豫菜中的 "清汤竹荪""清汤荷花莲蓬鸡"等使用的是高级清汤；"生汆丸子""蟹黄扒白菜"等使用的是一般清汤；"扒猴头""白扒鱼翅""扒鱼唇"等使用的是高级白汤；"烧鳝段"使用的是一般白汤。制取清汤，行业内称为"吊汤"。吊汤是一项细致而复杂的技术。吊汤、制汤与煨汤是有很大区别的。制汤与煨汤不用

名吃名满天下

提清，而吊汤则要在毛汤的基础上用鸡茸、肉茸等，反复提吊几次，把溶解在汤内的蛋白质和渣滓等全部提吊出来，使汤汁纯净，澄清如水，鲜浓味美，所以叫"吊汤"。

为了制作上等的汤，需要多次把汤吊清，其目的是为了提高汤的鲜味和澄清程度。这时候需要用两种茸泥吊汤。第一次用鸡腿肉，去皮斩成茸泥，渗出血水，把这种茸泥放入晾凉的毛汤内搅匀，当原汤移到旺火，加热时用手勺不断地推动起漩涡，汤至九成热（接近沸滚），茸泥吸住渣滓物飘浮而起时，端下撇捞晾凉。第二次用鸡脯肉斩成茸泥，渗出血水，加入第一次吊制的清汤内搅匀，采取上述同样方法，再吊一次，即吊制出高级清汤。这样的清汤色似秋水、清澈见底、滋味浓郁、味鲜无比。要使汤味更加鲜浓，可用鸡脯肉照上述方法反复多吊几次即可。开封的做法是将剁成的鸡脯肉泥和大葱大姜一起放在冷水中成"鸡臊"，兑入锅里加热至沸，撇去血污其汤汁清澈见底。在清汤中加入白鸡、白肘等用小火浸煮，增加汤的质量和醇厚程度叫"坠汤"。有时为了增加汤的鲜味和营养价值加入"鸡臊"套一下谓之"套汤"，吊制的次数越多，汤色愈清，汤味愈鲜。多次使用清汤材料，即鸡茸、肉茸等，利用这些辅助原料中含有的各种蛋白胶体物质来吸附汤中的悬浮物，而后撇去或过滤。这样制出的清汤就会清汤见底，澄清如水。

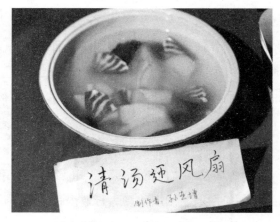

孙世增制作的"清汤迎风扇"

制成好汤必须选用鲜味足的鸡、肘子、瘦猪肉及鸡骨架等，不能用羊和鱼等腥膻的原料及经过腌、腊的原料。在煮汤时，原料一定要冷水下锅。如果沸水下锅，原料表面骤受高温而易于凝固，蛋白质就不能大量溢出到汤中，汤汁就达不到鲜醇的要求。在制汤过程中，最好一次性加足水，避免中途加水影响汤的口感。另外火候一定得把握好。清汤的制作是先用旺火将水煮沸，水沸后即转用文火，使水保持微滚，呈翻小泡状态，直至汤汁制成为止。火力过旺，会使汤色变为乳白，失去"澄清"的特点；火力过小，原料内部的蛋白质不易浸出，影响汤的鲜醇。调味品的投放顺序不能颠倒。制汤常用的调味品有葱、姜、黄酒、盐等。绝对不能先放盐，盐有渗透作用，使原料中的水分排出，蛋白质凝固。这样汤汁就不易烧浓，鲜味也就大打折扣。

汤把豫菜五味之和体现得淋漓尽致

豫菜名菜"套四宝"就非常讲究汤的使用。"套四宝"在蒸制时使鹌鹑腹内的干贝、海参、火腿、冬菇等配料之味混合进鹑香、鸽香、鸡香、鸭香而渗进汤汁内。将蒸好的"套四宝"原汤倒入锅中，加入鸡脯，再用小火慢慢吊汤，使汤清澈。待汤晾凉后，再次加入鸡脯吊制清汤，汤沸后撇去鸡脯。晾凉后，再加鸡脯吊制成高级清汤，使汤清澈见底，鲜浓四溢，挂齿留香。

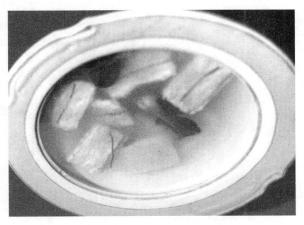

豫菜名菜"清汤酿燕菜"

素有豫菜"黄埔军校"美誉的"又一新"饭店镇台名厨高士选在做清汤燕菜这道菜的时候就是将鸡脯肉剁成泥，用清水澥开，制成"鸡臊"。锅内添入清汤，下入"鸡臊"，用勺子搅动，待汤微沸，捞出"鸡臊"，撇清浮沫，投入精盐和料酒，盛入放有燕菜的品锅中即成。高士选做的这道菜，汤鲜味醇，回味隽永，是豫菜汤菜的经典名菜。

五味调和的开封胡辣汤

　　我的一位高中老师刘成荫先生，在 20 多年前"孔雀东南飞"到宁波教书之后，对开封最为怀念的就是胡辣汤。1996 年 12 月，他专程到学校看望我和永涛，最想吃的食物竟然是开封素胡辣汤。他问我们哪里可以找到卖素胡辣汤的摊儿，说的时候下意识地舔舌头，差点止不住口水，这个情景我记忆犹新。2010 年 7 月，河南籍作家刘震云回到郑州，做客《中原人文讲坛》。在接受河南日报记者采访时，他说："我小时候最喜欢两样东西——豫剧和胡辣汤。若不写作，我一定去戏班敲梆子，或者到镇上去当厨子，做胡辣汤。"作家王少华曾题写对联曰："祥符两坑水，寺门一碗汤。"他在小说《寺门》中专门阐述了胡辣汤的一种做法，老百姓在大水之后，各家拿出仅有的食材，东一把粉条，西一家豆腐，在一口大锅中熬成汤，就是味道鲜美的胡辣汤。在王少华的小说中可以见到众多开封民间美食，汤锅、锅盔、胡辣汤、花生糕，等等。显然，胡辣汤已经是中原的文化符号之一了，从清末一直到现在，开封胡辣汤独领风骚，在河南胡辣汤众多品牌中一直一枝独秀，数百年来，难有敌手。

名吃名满天下

源于清代　兴于民国的胡辣汤

　　说胡辣汤必须先说胡椒。胡椒原产于印度，是通过陆路传入中国的。《广志》则曰"胡椒出西域"，有的认为胡椒传入中国当在汉晋时期。俗话说，物以稀为贵。唐朝的时候，胡椒是奢侈品，当时胡椒主要作为药用，一般百姓用不起。唐代有个宰相叫元载，被抄家的物品中居然有八百斛胡椒。苏东坡曾言："胡椒八百斛，流落知为谁？"在唐代一斛等于100升，转换为重量的话，约等于200斤，八百斛即16万斤。胡椒有"黑色的黄金"之称，可见这位宰相家财万贯啊。到了宋代，胡椒成为大宋帝国贸易中的重要商品，此时的胡椒还是主要以药用为主，但是已经作为高端调味品进入宴席，如《宋史·陈亮传》就记载了宋代婺州已有胡椒入宴之俗。

　　胡椒广泛进入平民生活则是在明代。胡椒味辛而芳辣，是调味佳品，而且有食疗功效。明代胡椒食用更加普遍，上至宫廷，下至百姓，无不喜爱，在烹饪中，胡椒不仅可单独入料，如制作"辣炒鸡""蟹生方"等菜，亦可用其调制"五辣醋"等。《本草纲目》认为胡椒"实气，味辛，大温，无毒"，具有调五脏壮肾气，治冷痢，杀一切鱼肉鳖蕈毒，去胃寒吐水，大肠寒滑，暖肠胃，除寒湿反胃虚胀，冷积阴毒，牙齿浮热作痛等功效。于是结合胡椒的药理作用，在长期的生活实践中，到了清代，开封民间老百姓将酸辣汤中加入胡椒，改变了食物的味道，很受欢迎。由于清朝建立后，开封驻有八旗士兵，并建有"满洲城"（俗称里城大院），怕犯忌讳，当地民间百姓不敢说"胡"字，汤看上去又呈糊状，开始称这种汤为"胡辣汤"。《相国寺考》一书中就记载了清代相国寺"钟楼鼓楼两旁，有许多摊贩出卖小吃食，如胡辣汤、小米粥、大米饭、煎包子、调煎凉粉及夏日瓜果、梅汤，等等"。到了民国时期老百姓才习惯称"胡辣汤"。胡辣汤不但是一种传统的美味佳肴，而且具有抗感冒、美容、健脾、开胃等良好保健功效。

开封胡辣汤 图片来源《开封名小吃》

在开封喝胡辣汤有一种特别的吃法叫"两掺"，这是资深吃货喝胡辣汤的重要特征。胡辣汤和豆腐脑各半，谓之"两掺"。"两掺"的豆腐脑与一般豆腐脑不同，要味正而嫩，颜色洁白。豆腐脑采用上等黄豆在水中浸泡12个小时（夏季浸泡时间可适当缩短）后捞出，磨成细浆，细布过滤去渣，倒入锅内烧开，然后将石膏粉放锅内，搅拌均匀，经半小时即成。如果你没有喝过"两掺"，那肯定不是地道的开封人。如果你路过，看到开封人将胡辣汤和豆腐脑掺在一起喝时，千万不要做出目瞪口呆的表情。

荤素皆美味的开封胡辣汤

开封的胡辣汤分荤素两种，就像国画分工笔和写意一样。

荤胡辣汤的主料是精粉、熟羊肉，配料为八角、胡椒、花椒、茴香、砂仁、肉扣、八桂、凉浆、粉条、味精、精盐、木耳、面芡、香油、醋等。该汤具有消食开胃、化痰止咳、祛风祛寒、活血化瘀、清热解毒、行气解疟、祛虫滞泄、利尿通淋、除湿疹、祛瘙痒等功效。胡辣汤味美价廉，很受群众欢迎。羊肉鲜汤加清水和辅料经武火熬制，锅中水大开之后，再将洗面筋沉下的面浆徐徐勾入锅内。待稀稠适度，再加入胡椒粉、五香粉搅匀。食用时淋入香醋、香油，倍觉酸辣鲜香，风味浓郁。开封胡辣汤为了提香，加入炸豆腐，喝起来有一股浓郁的豆香味。

素胡辣汤应该是开封独有的胡辣汤。开封素胡辣汤颜色浅淡，没有牛羊肉汤成分，主要是采用素食材，对原料、香料配比严格，食材加工考究，味道清醇。因颜色浅，食用时无色素添加之虞。主要原料是：面粉、粉皮或粉条、炸豆腐、菠菜、海带、姜、精盐、胡椒粉、五香粉、小磨油、醋。面筋必须是手工洗的面筋，粉皮要用凉水泡软，卷住切成丝；豆腐过油炸后也切成丝；菠菜去根洗净，切成约3厘米长的段。做汤的时候，水烧开之后兑凉水点下滚，将面筋用手抓起来，抖成大薄片，慢慢下入锅内，用擀杖在锅里搅动，把大块面筋搅开；锅滚起后，将洗面筋时的面汁篦出上面的清水，用勺搅倒入锅里，同时将粉皮丝、海带丝、豆腐丝下锅，加入精盐、胡椒粉、五香粉搅匀，汤滚起时将菠菜放入即成。食时浇点醋、淋点小磨油。开封素胡辣汤的特点是酸辣鲜香，看着就十分入眼，没有色素、绿色环保。

民国时期，开封作为河南省会所在地，流动人口较多，饮食业比较发达，据《开封饮食志》记载，像胡辣汤、发面包子、烧饼、馄饨等食品都是卖家在家做好，挑担、推车沿街叫卖。"他们各自有自己固定的活动区域、流动路线和时间，每天按时到达，把食品送到家门口，尤其小街背巷和离市中心较远的街道，十分方便，颇受市民欢迎。"小饭店多位于相国寺中及其附近，在相国寺内"尹家水煎包子铺"的羊肉水煎包和羊肉胡辣汤十分驰名。

我的朋友荆方谈起胡辣汤竟然给它冠以"偷情的感觉"。她说："胡辣汤的前辣、后辣、明辣、暗辣，对味蕾和口腔都是一种不大不小的折磨，没有主食辅佐的胡辣汤，味蕾难以承受，就像烈火般的激情，没有岁月的稀释，就会把情感的绿荫烧成荒原。"

近20年来，大街小巷胡辣汤的招牌林立，其中"北舞渡胡辣汤""逍遥镇胡辣汤""闪味胡辣汤"等攻城略地、四处开花。而开封传统胡辣汤在市场经济的浪涛中似乎有些暗淡了。殊不知，多年来，开封传统胡辣汤一直保持着它的文化多元和美好味道潜藏于岁月深处和古老街巷，不因时光而蒙尘，不因浮躁而变味儿。在开封的街巷总可以找到最地道的素胡辣汤和 24 小时不打烊的羊肉胡辣汤。开封文化本身也是一碗胡辣汤，生旦净末丑上演人间喜剧，儒道释可以汇聚一起，端坐在三槐堂旧址。生活何尝不是一碗胡辣汤啊，酸辣苦甜五味俱全，个中滋味，尝者自知。

名吃名满天下

锅贴和锅贴豆腐

年初，省城出版社的领导和编辑来汴拜访作家，在选择饭店的时候，郭灿金老师说要找个有开封特色的地儿，最后他定的是去吃锅贴。忽然想起去年秋天要小聚的时候也曾提起吃锅贴。应该不是因为"郭"和"锅"同音的缘故吧，但至少说明了锅贴在开封人心中占据的历史地位还是比较重要的。锅贴和锅贴豆腐是两种食物，前者是主食，后者是菜肴，二者算是近亲吧。关于锅贴的菜肴有"锅贴鱼片""鸡汁锅贴""锅贴鲤鱼"等，毕竟都是姓"锅"，在制作方法上还是有一些相同之处的，食材不同，味道各异。

羞辱日本宪兵的锅贴

我一直怀疑锅贴的出现就是饺子的变异，饺子用水煮，锅贴用油煎，只是使用的器物和加工的方法不同而已。锅贴该是和水煎包属于"堂兄弟"吧。我一直以为锅贴在清代开封才有。我查阅《东京梦华录》没有发现锅贴的记载，后来在《开封饮食志》和《开封市志》发现，锅贴早在北宋东京就有，只不过名字不一样罢了。在北宋东京，有一种食品叫"煎角"，后来的饺子啊、锅贴啊、汤面角啊都是从"角子"演变而来。

饺子历史悠久，在北宋不叫饺子，叫"角子"，如今豫东地区的老百姓在家包的一种中间圆两头尖的包子一直称之为"角子"（此处"角"音 jué），像极了农村手工缝制的老年人棉鞋模样，只不过个头要小。《东京梦华录》里记载北宋东京的市场里有卖"水晶角子""煎角子"的。《清明上河图》画面上，在众多的饮食摊店中有一个伞形篷下挂有"角子"招牌的小吃摊。在明代以前，还没有"饺"这词，后来讲的"扁食"就是"饺子"。《清稗类钞·饮食类》："北方俗语，凡饵之属，水饺、锅贴之属，统称为'扁食'，盖始于明时也！"在北宋时期的开封市井，一种"水晶角子"或者"煎角子"的食品已经受到了吃货们的好评。这种"煎角子"拉开了锅贴食品的帷幕，一个"煎"字细致刻画了锅贴的核心工艺。

锅贴

开封锅贴多以韭黄、猪肉为馅儿，死面为皮，形似小船，用平底锅煎成，黄焦酥脆带翅林儿。回民餐厅采用牛肉羊肉馅儿，还有素馅儿锅贴。近代开封著名的"天津稻香居锅贴铺"开业于光绪八年（1882年），地址选在鼓楼商圈的核心部位——南书店街南头路东，两间门面房，后面是4间餐厅。店主叫邵书堂（人称邵大），因聘用的锅贴老师是天津人，所以就在字号前冠以"天津"二字。该店制作的锅贴选料严谨，制作精细，黄焦酥脆，皮筋馅儿香、灌汤流油、鲜美溢口，深受顾客好评。调馅和包生锅贴都不是难事，关键是入锅制作，必须依次摆放在平底锅内，加入清水用武火煮制，水干后，再浇上稀面水，待水消尽，淋入花生油再用文火煎制。锅贴至柿红色的时候即成。

名吃名满天下

遗憾的是这家锅贴店在开封沦陷期间关门停业，一停就是三四十年。传说停业是因为老板得罪了日本人。这日本人喜欢把饺子生煎，在开封一看有如此好吃的锅贴，就格外欢喜，不断骚扰，还经常不给钱，生意难以维持。这店老板也是忍无可忍，于是就把锅贴当武器，与日本兵来了一次斗智斗勇。有一天晚上，又来了一群日本兵，多是从鼓楼西南侧的宪兵队出来的。店老板不敢在食物中下毒，于是就想了一个羞辱他们的法子。当晚，店老板亲自下手，专门用一小型圆平底锅，生锅贴码好一个圆形，做锅贴浇面水的时候故意加了一点红颜色，做出来的锅贴不但焦黄，而且还隐隐透红。店主一改过去铲起就正放盘子的方式，直接找一大的白色搪瓷盘，整锅倒扣。端上之后，日本宪兵吃的可欢，赞不绝口。临走时这伙儿宪兵想讨好队长，于是店主就又制作了一份这样的锅贴，连同圆形白色搪瓷盘一起端走。店主知道不妙，连夜打发好店员逃出了开封。再说这宪兵队长吃过锅贴之后，越想越不对劲儿，这不正是把日本的"膏药旗儿"给吃了吗？这还了得，第二天一早就去抓人，但已经人去店空了。

这店一停开封人吃不到这么好的锅贴了，老开封们十分怀念过去的味道。后来，政府开始抢救挖掘风味小吃，1961 年，曾在"天津稻香居锅贴铺"当过学徒的著名厨师邢振远在开封恢复锅贴制作，但是没有形成规模。1976 年开封饮食公司出资在马道街中间路西原新世界理发厅旧址重建锅贴店铺。开封人又可以吃到地道的锅贴了。这里的锅贴 1980 年被评为河南省名优小吃，1997 年被中国烹饪协会评为"中华名小吃"。

锅贴豆腐：民乐亭饭庄的镇店名菜

马道街前段开始展露民国风的时候，我到现场寻找过民乐亭饭庄，因为历史变迁仅仅找到大致位置，已经不见当年的痕迹。民乐亭饭庄与冯玉祥有关。1928 年冯玉祥改相国寺为中山市场，把相国寺钟楼改为茶社书场，取名"民乐亭"。1929 年高云桥在此开设餐馆，沿袭旧名，主要以相国寺游人为服务对象。1932 年迁到了马道街南头路西，经营中档宴席及面点。高云桥的儿子高寿椿学艺多年，在烹饪界颇为知名。在民乐亭饭庄他做的锅贴豆腐广受欢迎，被顾客称为镇店名菜，早在 20 世纪 30 年代就已经享誉中州。

锅贴豆腐 来源《开封名小吃》

　　锅贴豆腐制作时选用净鱼肉（鸡脯亦可），豆腐作主料，以猪肥肉骠、青菜叶、蛋清、粉欠、盐、姜汁、大油、味精打成暄糊；豆腐捺成泥，掺到糊内搅拌，再将肥肉骠切成方形薄片，将打好的糊抹在上面，把收拾好的菜叶铺在上面，抖上干粉芡面，挂上蛋清糊，入热油锅炸成微黄色，捞出剁成长条块，装盘即成。此菜特点是外焦里嫩、鲜香利口、入口即化，佐以花椒盐食之，别有风味。

　　民乐亭饭庄虽然无迹可寻了，但我们在开封依旧可以吃到地道的锅贴豆腐，有时胡同深处一家很小的店面就有正宗的豫菜，所谓酒香不怕巷子深也，美食同样不怕胡同长。

名吃名满天下

杞县红薯泥　国宴甜品故事多

　　小时候参加乡村结婚生孩的宴会，席面上经常上一道菜叫"拔丝红薯泥"，十分可口，老少都喜欢品味。最近，上海合作组织成员国政府首脑（总理）举行的欢迎宴会菜单上赫然有"杞县紫薯泥"这道菜。用紫薯、香油、红糖粉、桂花蜂蜜等食材制作而成，吃起来"甜而不腻，糯香可口"。菜单图片上这道甜品十分精致，与我小时候在老家吃的红薯泥有些不同，毕竟这是国宴嘛，我那是在乡间"吃桌"，品质当然不一样。杞县紫薯泥该是杞县红薯泥的升级版。红薯有多个称呼，红瓤的就叫红瓤红薯，黄瓤的就叫黄瓤红薯，紫瓤的就叫紫瓤红薯，笼统都叫红薯，就像开封，就有9种称呼。可是红薯到了开封，不管红瓤的黄瓤的还是白瓤的一律叫白薯。名字可以改来改去，故乡只有一个，百川到海，还是杞县红薯，做成的菜还是叫杞县红薯泥。

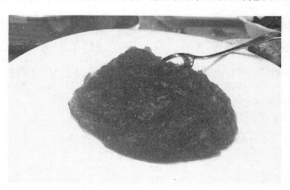

炒红薯泥

红薯泥至今还被称为"爱国菜"

既然招待上海合作组织成员国政府首脑，一定得选择健康养生的菜品，地方名吃这时候就脱颖而出了。开封一带土质沙松，适宜红薯生长，特别是杞县的土壤，长出的红薯个大、饱满，含淀粉量、糖量都很高。杞县红薯泥就是利用红薯为原材料制作的一道久负盛名的中州名菜，色泽晶莹、营养丰富、甜香可口，且红薯又是长寿食品，该菜故有佳肴良药之美誉。在中原大地，红薯实在不是什么稀罕之物。但是，杞县的能工巧匠们所做的名食红薯泥，其味道可就大不相同了。凡吃过杞县红薯泥的人，无不啧啧称赞杞县人的独具匠心。因此不论在杞县还是在开封，各种宴会上人们都要求品尝杞县红薯泥。

在杞县民间有这样一个关于慈禧和红薯泥的传说。1901年，慈禧和光绪一行人从西安取道回北京时，途经开封。当地官员为讨好慈禧，准备了大量的珍馐美馔，但慈禧对这些食物提不起什么兴趣。于是开封府的官员便悄悄命人去杞县取红薯泥。开封府每次设重要宴席时，都是在杞县把红薯泥炒好，用快马跑一百里地送到，待摆在宴桌上时仍然不变质、不变色，红中透亮、亮中发光，俨然晶体一般，含在嘴里和刚出锅的一样其热无比。一骑红尘飞奔，这道菜经过百十里的路程，从杞县提来依然色泽鲜亮红润，不但不凉，还冒出袅袅热气。慈禧轻轻用小勺取出一点放入口中，顿觉那味道甜而清爽，香而不腻。咽及腹中，大有荡气回肠、飘飘欲仙之感。不禁连声称赞道。"我在宫中从没吃过如此美味佳肴，它是何物所制？"知府忙答："这叫红薯泥，也叫红薯馅，是脱皮的熟红薯，掺入白糖、小磨香油、青红丝、玫瑰糖烹饪而成。有健脾补虚，延年益寿之功能。"传说慈禧一听，十分高兴。

在开封、杞县一带，红薯泥还被称之为爱国菜。有这样一则故事，林则徐禁烟时与外国公使聚餐，饭后上了一道冰激凌，林则徐看冒着气，以为是热气，吹了又吹不敢吃，此动作引得外国公使哄堂大笑，林则徐心里十分不爽。

名吃名满天下

后来林则徐在开封治理黄河的时候，吃到了杞县红薯泥。于是，他便特邀那几位外国公使到开封观光，在宴会上特意请名厨做杞县红薯泥。红薯泥上来之后，几个外国公使直流哈喇子，迫不及待地用勺去挖，见无热气，就大口吃起来，顿时丑态百出，烫得哇哇大叫。

还有个故事，杞县名厨蒋士奇不仅手艺高超，还疾恶如仇，颇有刚直不阿的浩然正气，曾用红薯泥智斗袁世凯的部下。有一年，袁世凯的部下来到杞县，闻听红薯泥为此地名菜，便执意尝尝这风味佳肴。这天，宴会在县衙举行。鸡鸭鱼肉上完后，最后才上红薯泥。大小官员看此菜五光十色，如桃花盛开，似琥珀生辉，不禁站起身来，狼吞虎咽。谁知，不大一会儿，有的张口流泪，有的伸脖子干呕。原来，蒋士奇不愿给袁世凯的部下做菜，但又不能推辞，便使了个花招。红薯泥本身质地细腻，密度小，散热很慢，蒋士奇特意用滚油封顶，里面的温度更不易散发。这些人迫不及待，大口吞入腹中，红薯泥的热量在腹内散发不出来，个个难受得干瞪眼。

蒋士奇创制红薯泥，堪称烹饪一绝

无论是慈禧点赞红薯泥，还是林则徐与"爱国菜"，或是蒋士奇智斗袁世凯的部下，仅仅是民间故事而已，时间上与蒋士奇虽有部分关联，但是却不太成立。蒋士奇1885年出生，林则徐在开封治水他还没出生，慈禧路过开封的时候他才十六七岁，袁世凯1916年都已经去世。文献上记载蒋士奇"幼习烹饪，20岁成名"。作为杞县城内北老集街人，少年时代为生活所迫一度到军阀孙殿英部队当小灶厨师，"因不满孙的作为，借故返杞。1927年蒋士奇才在县城中山大街创办大同饭庄，亲任掌厨"。此时蒋士奇虽然技术精湛，但还是继续勤学苦练，不时拜访名师殷殷求教，所以他制作的菜肴既有众家之常，又独具风格。他创制的红薯泥，堪称烹饪一绝，不仅色泽鲜艳、香甜爽口、营养丰富、回味悠长，而且不沾筷、不沾盘、不粘牙，号称"三不粘"；且制成半小时后，不论冬夏，温热不减，色香不变，凡食者无不交口称奇。

由于红薯泥有高温保热的特点，品尝这道美食，要得其法。吃红薯泥时，用勺挖或用筷子夹一些，先闻其香，香甜浓美的热气进入鼻腔，通透全身，使人食欲大开；再慢慢吹凉后入口，红薯泥甜美的滋味缭绕舌间；细细嚼来，其筋沙的质感是其他佳肴美馔不多见的，让人品味一次就难以忘怀。

杞县红薯泥文化意蕴丰厚，再加上媒体的宣传，更加驰名。1934年元月，一位记者来杞县品尝后，在《河南政治月刊》第三卷第十二期上发表《已成陈迹之金杞》一文，盛赞杞县红薯泥为特殊食品，颇为著名。如有异县友人初履斯土，则不可不尝。自此，杞县红薯泥声誉大振，慕名前来品尝者日众。将士奇的"大同饭庄"亦因之更加生意兴隆，门庭若市。

《杞县商业志》（油印本）记载，蒋士奇无子，一生收徒数十人，皆悉心授技。杞县著名厨师胡诗俊、韩觉露、周风春、杨秉仁等均出自他的门下。胡诗俊1927年他到大同饭庄操业，受其舅父、名厨师蒋士奇点拨，红白两案诸技日臻成熟，尤其精于蒸、熘、炸、扒和清汤制作，被众人誉为"胡小匠"。他改良了红薯泥工艺，在原来的基础上佐以山楂丁、玫瑰片、青红丝等辅料，更加香甜可口，气味芬芳。

营养丰富的杞县红薯泥

杞县红薯泥的制作用红薯、白糖、香油和少量的桂花糖、玫瑰、山楂丁、青红丝等为原料，色泽鲜艳红润，味道甜而清爽，香而不腻。先将红薯煮熟，剥皮去丝，以净白布包之轧压成泥，作为备用；然后把白糖倒至炒锅内化成糖浆，兑入香油、红薯泥，加熟烹饪，搅拌均匀，至三者融为一体，呈现柿红色为止；盛到盘内，上面依次分层放上山楂丁、玫瑰片、青红丝、桂花糖即成。此菜，秀色可餐、营养丰富。

资料显示：经卫生部门测定，每500克红薯泥含糖200克，蛋白质51克，脂肪45克，胡萝卜素30克，维生素C 50克等多种营养成分，具有健脾、补虚、益气的功能。对霍乱吐泻，水臌腹胀、夜盲等症也有良好疗效。经常食用，可使人长寿。因此，品尝者对它无不交口称赞。

红薯泥不仅是杞县的名产，也是中原地区粗粮细做的典型。红薯从粗制到细作，从日常到宴席珍品，是历代劳动人民的集体智慧，也是我国食品制作技术的发挥和创造。

黄河鲤鱼最开封

黄河鲤鱼开封为最佳，这是公认的事实。资深美食家汪曾祺专门写过黄河鲤鱼，他说："我不爱吃鲤鱼，因为肉粗，且有土腥气，但黄河鲤鱼除外。在河南开封吃过黄河鲤鱼，后来在山东水泊梁山下吃过黄河鲤鱼，名不虚传。辨黄河鲤与非黄河鲤，只需看鲤鱼剖开后内膜是白的还是黑的：白色者是真黄河鲤，黑色者是假货。"

宋代皇帝喜欢开封黄河鲤鱼

鲤鱼是我国古老的名贵鱼种之一，素有"诸鱼之长，鱼中之王"之美称。在古代，我国劳动人民就把鲤鱼作为美的象征，作为珍贵礼品互相赠送。《诗经》记载："岂其食鱼，必河之鲤；岂其之妻，必齐之姜。"古人把美女与鲤鱼相提并论，可见鲤鱼地位之重要。孔子得了儿子，国王鲁昭公送去一条大鲤鱼，表示祝贺，孔子引以为荣，给儿子取名鲤。鲤鱼在我国品种繁多，约有 400 多个品种，其中开封黄河鲤鱼居诸鱼之首。

唐朝时鲤鱼开始很受宠，由于唐朝皇帝姓李，"鲤与李同音"，后来皇帝曾下诏：在黄河里捕住鲤鱼，要立即放生，否则，治罪。在宋朝，鲤鱼大受欢迎，宋太祖征北汉的时候，专门叫属下带着鲜活的开封鲤鱼，以备美餐。北宋东京城"东华鲊"比较知名，它是北宋东京著名肴馔之一。仅《东京梦华录》

名吃名满天下

记载的就有玉版鲊、苞鲊新荷等数种。宋人周辉的《清波别志》引《琐碎录》云："京师东华门外何吴二家鱼鲊，十数脔作一把，号称把鲊，著称天下。文士有为赋诗，夸为珍味。"北宋著名诗人梅尧臣《和韩子华寄东华市玉版鲊》诗曰："客从都下来，远遗东华鲊。荷香开新苞，玉脔识旧把。色洁已可珍，味佳宁独舍。莫问鱼与龙，予非识物者。"可见当时鱼鲊声誉之高。鱼鲊是什么东西？《齐民要术》是这样说的：鱼鲊的正统原料是鲤鱼，鱼越大越好，以瘦为佳。取新鲜鱼，先去鳞，再切成2寸长、1寸宽、5分厚的小块，每块都得带皮。切好的鱼块随手扔到盛着水的盆子里浸着，整盆漉起来，再换清水洗净，漉出放在盘里，撒上白盐，盛在篓中，放在平整的石板上，榨尽水。接着将粳米蒸熟作糁，连同茱萸、橘皮、好酒等原料在盆里调匀。取一个干净的瓮，将鱼放在瓮里，一层鱼、一层糁，装满为止。把瓮用竹叶和菰叶或芦叶密封好，放置若干天，使其发酵，产生新的滋味。食用时，最好用手撕，若用刀切则有腥气。

《清波别志》记载了北宋东京城内"东华鲊"的做法：制作时将鲤鱼肉1千克，洗净后切成厚片，用精盐腌入味，沥干水；花椒、碎桂皮各50克。酒糟250克、葱丝、姜丝、盐一起拌匀成粥状，放入鱼片拌匀；装入瓷坛内，用料酒、清水各半放在一起把带糟的鱼片洗净，再加碎桂皮末25克、葱、姜丝、少许、盐、胡椒粉拌匀，用鲜荷叶包成小包（三四片一包），蒸透取出装盘即可。"东华鲊"的特点是糟味浓郁，荷香扑鼻。在腌制过程中，由于米饭中混入乳酸菌，乳酸菌发酵，进而产生乳酸和其他一些物质，渗入鱼片中，既可防鱼片腐败，又能使其产生特殊风味。正因为鲊的特殊，因而极受人们喜爱。从宋代至明朝，对各类鱼鲊的制作均有较详细的记载。

淳熙六年（1171年）三月十五日，宋高宗赵构登御舟闲游西湖，其间吃了一位叫宋五嫂的妇人做的鱼羹。高宗觉出是汴京风味，召见一问，果然就是汴京来的，不禁勾起他的乡情和对故国的怀念，对她大加赏赐。从此，宋五嫂的鱼羹声誉鹊起，富家巨室争相购食，宋五嫂鱼羹也就成了驰誉京城的名肴。有人写诗道："一碗鱼羹值几钱？旧京遗制动天颜。时人倍价来争市，半买君恩半买鲜。"宋高宗吃出了汴京味儿，于是就捧红了她的生意。经历代厨师不断地研制提高，宋嫂鱼羹的配料更为精细讲究，鱼羹色泽油亮，鲜嫩滑润，味似蟹肉，故有"赛蟹羹"之称。

开封鲤鱼享誉世界

开封黄河鲤鱼，口鳍鲜红，尾、鳞呈金色，脊灰褐色，腹部白，小嘴金眼、外形美观、肉味纯正、肥嫩鲜美。《清稗类钞》中说："黄河之鲤甚佳，以开封为最……甘鲜肥嫩，可称珍品……" 其他则"肉相味劣……非若豫省中黄河中所产者"。 鲁迅先生在上海会见萧军等著名作家，到"梁园豫"菜馆请客吃饭，特意点了开封的"醋熘黄河鲤鱼"以饱口福。开封是黄河鲤鱼的主要产区，以开封郊区段黄河所产为正宗。此段黄河西自回回寨，东到柳园口，长约10余千米。黄河出邙山后，进入豫东平原，流速减慢，河面变宽，阳光照射充足，是黄河鲤鱼天然的生息繁殖场所，所以此段黄河鲤鱼优于其他段所产的黄河鲤鱼。

袁世凯喜欢吃鱼，也喜欢钓鱼。他在洹上村隐居的时候，自己修了鱼池养鱼。袁世凯最喜欢的鱼是开封北面黑岗口的黄河鲤鱼，认为其他地方的鱼无法与之相比。民国初年开封名厨赵廷良创制的"金网锁黄龙"，也是道名菜，为时人所推崇。它的特点是给鲤鱼附上一层金黄色的蛋丝，吃起来肉嫩丝酥。

在电影《大河奔流》中，有一段"金谷酒家"吃鲤鱼的镜头。一声"上活鱼"，李麦手握着一条红尾巴黄河鲤鱼，当着3位外国记者的面将鱼摔在地上，然后由厨师烹制成"鲤鱼焙面"这道名菜。这很有考究，吃鱼必须吃活的，新鲜。鲤鱼脊背两侧各有一根细韧的筋络，烹饪的时候总是当场摔死把它抽去。黄河鲤鱼，要想吃起来好吃，打捞上来后还要在清水里放养两三天，待其吐尽泥土味，方能烹食。鲤鱼虽然有多种益处，但它味甘性温，"多食热中，热则生风，变生诸病"，再好的美味也不能贪吃啊。

名吃名满天下

开封包子甲天下

　　我对包子的印象就是小时候母亲包的"角子"，就是到镇上市场上买吃的也多是"角子"。"角子"像个橛头一样，里面有素馅儿或者肉馅儿，我最喜欢吃母亲做的南瓜馅儿"角子"。长大后，到开封读书，发现这个城市多是卖包子的幌子，生熟皆有。午朝门广场还没扩建的时候，每天早晨我们学校在湖东岸跑操，我经常见到一面杏黄旗，上书"开封灌汤包子"，开始我很纳闷儿，怎么是"灌肠"？吃过包子就灌肠了吗？我念出声后惹得同学们哈哈大笑，原来是"灌汤"，就这样我深深地记住了开封的包子。

小笼包子成为开封的一个名片

"角子"吃的是乡愁，包子吃的是文化。开封包子就是这座古城的另一种象征，历史的厚重，文化的包容，一张面皮儿，可以包下几千年的历史故事和民俗风情。一座城是一个包罗万象的文化包子，不但有夏朝味儿、北宋味儿这样的古都包子，还有明清、民国的河南味儿，常言道"根在中原，家在河南"，离开开封谈河南与离开包子谈开封一样是不完整的。

在宋朝，馒头不是馒头，包子不是包子

在宋朝，馒头不是馒头，包子不是包子。为什么这样说，这主要是区别现在的馒头和包子。馒头起源于三国时期。最早的馒头是在内部包制羊肉、猪肉馅料，做成人头形状，以此代替人来祭拜河神。这是宋代《事物纪原》书中的记载。宋代的馒头为一种有馅儿的发酵面团蒸食，形如人头，故名。其品种甚多，见于文献记载的有四色馒头、生馅儿馒头、杂色煎花馒头、糖肉馒头、羊肉馒头、太学馒头、笋肉馒头、鱼肉馒头、蟹黄馒头、蟹肉馒头、笋丝馒头、裹蒸馒头等几十种。蕈馒头，即以香菇作馅儿的馒头。

包子之名最早出现在《清异录》中。据记载，五代后周京城汴州城闾阎门外的张手美，随四时制售节日食品，他在伏日制售的有一种叫"绿荷包子"。这是开封包子最早的记载。孟元老《东京梦华录》记载北宋东京的小吃店就有瓠羹店、油饼店、胡饼店、包子铺等。

由于发酵技术的革命，馒头、包子发展到北宋，成为都城开封的全民食品。包子铺和酒肆、茶坊一样，在开封人的生活中处于重要地位，有史可考的就有"灌浆馒头""羊肉馒头""梅花包子""太学馒头""汤包""素包""豆包"等。这种饮食风尚后来影响了整个大宋乃至今天河南人的饮食，甚至大江南北的饮食，南方的生煎包子似乎与此关联。至今，豫东农村包的三角形包子，里面放糖还叫糖包。

不过，那时候的包子以冷水面制皮，多为素馅儿。而馒头以发酵面制皮，馅儿心为肉类，也就是今天的肉包子。北宋以后，馒头在中原地区渐成为无馅儿之发酵面制品，包子则成为以多种面团制皮、包有荤素各类馅儿心的面

食统称。

在宋代还有一种食品，它是一种与馒头形状极其相似的面食，有学者认为，它即"今日的素馅儿包子"。

宋朝皇帝爱吃包子

宋神宗特别喜爱吃包子，因此当时开封的包子是最有名的。太学馒头源于北宋太学。据传，元丰初年（1078年）的一天，宋神宗去视察国家的最高学府——太学，正好学生们吃饭，于是令人取太学生们所食的饮馔看看。不久饮馔呈至，他品尝了其中的馒头，食后颇为满意，说："以此养士，可无愧矣！"从此，太学生们纷纷将这种馒头带回去馈送亲朋好友，以浴皇恩。"太学馒头"的名称由此名扬天下，成了京师内外人人皆知的名吃。北宋南迁之后，太学馒头的制法又传到了杭州，成为那里著名的市食之一。据孙世增先生研究，太学馒头的制法颇为简便，它是将切好的肉丝拌入花椒面、盐等来做馅儿，再用发面做皮，制成今日的馒头状即可。其形似葫芦，表面白亮光滑，具有软嫩鲜香的风味特色，即便是没有牙齿的老人也乐于食用。据《燕翼诒谋录》卷三载："大中祥符八年二月丁酉，值仁宗皇帝诞生之日，真宗皇帝喜甚，宰臣以下称贺，宫中出包子以赐臣下，其中皆金珠也。"

《鹤林玉露》记载，北宋蔡京的太师府内，有专做包子的女厨。这些女厨分工精细，有切葱丝的、有拌馅儿的、有和面的、有包包子的等。京城有一个读书人娶了一个小老婆，她说自己曾在当时太师蔡京的家里做过厨娘，专门负责蒸包子。读书人就让她做包子，她又说不会做。读书人就问她："你既然在蔡京的家里专门蒸过包子，怎么不会做包子？"她回答说："我在那里只是专门负责给包子馅儿切葱丝的。"流水线的包子制作，反映了宋代包子制作技术的精湛。

《东京梦华录》载汴京城内的"王楼山洞梅花包子"为"在京第一"，另外，鹿家包子也很著名。《东京梦华录》中有"更外卖软羊诸色包子"的记载，虽未点出包子的具体名目，但从"诸色"一词中可见宋朝时开封包子品种之多。南宋时，包子已成为一种大众食品。品种繁多，人们以甜、咸、荤、素、香、辣诸种辅料食物制成各种各样的馅儿心包子。其中仅吴自牧《梦粱录》、周密《武林旧事》等书中就载有大包子、鹅鸭包子、薄皮春茧包子、虾肉包子、细馅儿大包子、水晶包儿、笋肉包儿、江鱼包儿、蟹肉包儿、野味包子等十余种。

开封包子"天下一绝"

《舌尖上的中国》第二季，专门拍摄了开封的包子，说杭州的小笼包拷贝的是古代开封的工艺，原本就是大宋南迁带去的工艺。开封灌汤包，经过多次的演变，确立了现在的形态。"包子皮用死面制作，需要经过三次贴水、三次贴面，使面皮筋韧光滑，不漏汤、不掉衣；以水和馅儿，使包子内部充满汤汁，同时保证口感清爽。包制时，手指飞快旋转，在几秒钟内能包18个褶。"开封小笼包子选料讲究，制作精细。采用猪后腿的精瘦肉为馅儿，精粉为皮，急火蒸制而成。其外形美观，小巧玲珑，皮薄馅儿多，灌汤流油，味道鲜美，清香利口。小笼包子随吃随蒸，就笼上桌；其形"提起一绺丝，放下一蒲团，皮像菊花心，馅儿似玫瑰瓣"。

开封包子佳天下

　　创建于 1922 年的"第一点心馆"的包子更是名闻天下，在这里蒸制包子由大笼改良为小笼。由于该店经营有方，善于运筹，吸收诸家之长，独创出自己的风味特点，并以价格便宜、雅俗共赏的优势，很快在开封占据市场，赢得了顾客的好评。除经营小笼包子外，此店还经营吊卤细面、缸炉烧饼、挂粉汤团等。尤其是它所经营的小笼灌汤包子，以味美不腻、鲜香利口的独特风味名扬天下。

汴京烤鸭冠天下

外地的亲戚朋友来开封，我会带他们去夜市品尝小吃，送行的一顿必须在饭店进行，小笼包子和烤鸭一定要上。小笼包子是特色，烤鸭为什么也要坚持上呢？其实，烤鸭更是宋代传承下来的菜肴，包子仅仅是主食，烤鸭与宋五嫂鱼羹一样驰名。

汴京烤鸭传播南北

古代菜肴中"炙品"占很大的比重，炙鹅、炙鸭流传已久。据考，在发掘的长沙马王堆一号墓的遗骨里，可见到鸭骨。在南北朝时期，有一本书叫作《食珍录》，其中就有"炙鸭"的记载，北魏贾思勰的《齐民要术》一书中也有记载，只不过是将鹅、鸭分档取料烤炙，不是整只烧烤。到了唐代，炙鹅、炙鸭更为精美。唐贞观时，曾隐居唐兴（今天台）翠屏山的诗僧寒山有诗云："蒸豚揾蒜酱，炙鸭点椒盐。"这位诗僧可谓酒肉穿肠过啊，不但吃河豚蘸酱拌蒜，还烤鸭蘸椒盐。韩愈的诗句中也有："下箸已怜鹅炙羹，开笼不奈鸭媒娇。"

开封烤鸭　来源《豫菜诗话》

　　到了宋代，出现了一道名菜叫燻鸭，它以烹调方法定名。"燻"，是古代的一种烹调方法，始见于汉代。北魏《齐民要术》"作奥肉法"中曾经说到作燻肉：将猪肉块加水在锅里炒，至肉熟。水气干了，再用猪油熬煎，加酒、盐，小火煮熟后，将肉与卤一起倒入瓮子里。再加猪油浸渍熟肉。到北宋时出现了"燻鸭"，《东京梦华录·饮食果子》载："又有外来托卖炙鸡、燻鸭、羊脚子……"《武林旧事》中有"燻炕鹅鸭"的记载。

　　元代的《居家必用事类全集》记载了"燻鸭"的制作方法："燻鹅鸭，每只洗净，炼香油四两，熅变黄色，用酒醋水三件中停浸没，入细料物（指用小茴香、甘草、白芷、姜、花椒、砂仁等细末）半两，葱三茎、酱一匙，慢火养熟为度。"按照上述记载，是将鸭子洗净，麻油入锅烧热，下鸭子煎至两面呈黄时，下酒、醋、水，以浸没鸭子为度。加细料物、葱、酱，用小火煨熟，仍浸在卤汁之中，食用时再取出，切块，装盘即成。用这种方法烹制，使食物慢慢成熟，较为入味。

烤鸭高手王立

金兵攻破汴京之后，当地大批工匠艺人和商贾富豪，随着康王赵构逃到建康（南京）、临安（杭州）一带。由于当地盛产鸭子，汴京烤鸭便继续成为南宋君臣的盘中珍馐。南宋吴自牧的《梦粱录》中就描述了当时都城临安沿街叫卖熟食"炙鸭"的情景。有不喜欢肉食的人还可以在素食店买到假炙鸭、小鸡假炙鸭等仿荤食品。

王立是目前人们发现的我国最早的知名烤鸭能手。据洪迈记载：南宋建康通判史忞任职满后，回到监安盐桥故居。有一天，他和仆役上街，见到街上有卖烤鸭的，便想起他从前的家厨"烤鸭美手"王立。史忞一问才得知这人就是王立的鬼魂，他问："你卖的鸭子是真鸭吗？"王立说："我也是从市场上买来的，每天十只，天还未亮，我就到大作坊里，在灶边把鸭烤熟，然后给主人一点柴钱，我们贩鸭卖的人都这样……鸭子是人世间的东西，可以吃。"史忞给王立两千钱打发他走了。第二天王立又提着四只鸭子来了。这以后的日子，王立经常到史家来。这则故事在《夷坚志》卷四中可以查到，所说有志怪的感觉，但是毕竟是清楚记载烤鸭能手姓名的。

元破临安后，元将伯颜曾将临安城里的百工技艺徙至大都（北京），烤鸭技术就是这样传到北京的，烤鸭也成为元宫御膳奇珍之一。随着历史的变革和发展，汴京烤鸭之术，逐渐播及四方，各地又在此基础上进行改革和发展，形成了各自不同的风味和特色。

明代《宋氏养生部》载："炙鸭，用肥者全体燀汁中烹熟，将熟油沃，架而炙之。"这种制法，虽然同明代"金陵烤鸭""北京填鸭"有所不同，但亦颇有特色。用挂炉木炭所烤的鸭子，特点是色泽金黄，皮脆肉肥，但鲜味不足。而将鸭子先用媲汁煮至初熟，使鸭子脂油溢出，熟而入味，再用热油浇炙，则皮脆肉鲜。明、清时代，烤鸭技术发展到精美的程度，不但对烤鸭的工艺要求更精更细，而且对烤鸭所用鸭子也要求专门饲养，因而就出现

名吃名满天下

了鹅鸭城、养鸭房、养鸭场等专门喂养鸭子的场所。

焖炉烤鸭、挂炉烤鸭皆出于汴京

"无论是焖炉烤鸭也好，挂炉烤鸭也好，烧烤鸭子的技术，都有同一个根源——那就是北宋时的汴京（开封）。因为早在北宋时期，炙鸡、烤鸭都已是汴京名肴……"（《饮馔中国》三联出版社）挂炉烤鸭传自山东，以"全聚德"为翘楚。焖炉烤鸭传自南京，以"便宜坊"为代表。在做法上，挂炉烤鸭以明火烤制，燃料为果木，以枣木为佳；焖炉使用暗火，燃料则为稻草、板条等软质材料。在风味上，焖炉烤鸭因鸭子受热均匀，油脂和水分消耗少，烤好后皮肉不脱离，色红亮，不见焦斑；滋味则外酥里嫩，一咬一嘴油，入口即化，而且鸭子体态丰满，肉量较多。挂炉烤鸭则焦香扑鼻，鸭子皮肉分离，片起来特别方便，也比较不油腻；缺点是鸭子的水分消耗大，所以肉质比较干，分量也较少。据说在 20 世纪 50 年代初期，全聚德还曾专程去开封聘请过烤鸭师傅，足证北京烤鸭与开封的关联。

开封烤鸭片成片儿吃　来源《豫菜诗话》

清代时期开封的山敬楼、座上春、又一村等饭店，都有自己的填鸭房，有专人饲养鸭子，供饭店使用。专门饲养的鸭子个大皮薄，肥嫩丰满，使烤鸭的滋味更美。它不但外皮焦脆香美，肉质嫩滑，而且肥而不腻，成了开封有宴皆备的珍品。民国时期开封的北味芳公记烤鸭店、马豫兴鸡鸭店的烤鸭比较著名。

张伯驹在谈起开封菜的时候说汴京烤鸭"去瘦留肥，专以皮为主，烤法也与北京烤鸭不同"。他说的该是焖炉烤鸭了。焖炉烤鸭的特点是"鸭子不见明火"。所谓"焖炉"，其实是一种地炉，炉身以砖砌成，大小约一立方米左右。以往在焖烤鸭子前，用秫秸将炉墙烧至适当的温度后，将火熄灭，接着将鸭坯放在炉中的铁箅上，然后关上炉门，全仗炉墙的热力将鸭子烘熟，中间不启炉门，不转动鸭身，一气呵成。由于纯用暗火，所以掌炉师傅务须掌握好炉内的温度，烧过了头，鸭子会被烤煳，火候不够，鸭子又会夹生，吃来不是味儿。而在烧烤的过程中，砌炉的温度由高而低，缓缓下降，在文火不烈且受热均匀下，油的流失量小，故成品外皮油亮酥脆，肉质鲜嫩，肥瘦适量，不柴不腻。即使一咬流汁，却因恰到好处，特别诱人馋涎。

孙润田主编的《开封名菜》和河南省饮食服务公司编写的《河南名菜谱》两书中都记载了汴京（焖炉）烤鸭的做法：将鸭子宰杀放血后，放在六七成热的热水里烫透，捞出，用手从脯部顺长向后推，把大部分毛煺掉，放在冷水盆里洗一下，用镊子镊去细毛，截去爪子和膀的双骨，抽出舌头。由左膀下顺肋骨开一个小口，取出内脏。从脖子上开口，取出嗉囊，里外洗净，用开水把里外冲一下。京冬菜团成团，放入腹内。皮先用盐水抹匀，再用蜂蜜抹一遍，用秫秸节堵住肛门。在腿元骨下边插入气管，打上气，放在空气流通处晾干。用秫秸将炉烧热，再用烧后的秫秸灰，将旺火压匀。用鸭钩钩住喉管，另一头用铁棍穿住，襻在外边，将鸭子挂在炉内，封住炉门，盖住上边的口。烤至鸭子全身呈柿红色，即可出炉。

烤熟的鸭子暂时不能吃，需要厨师片，片时，可以皮肉不分，片片带皮带肉，也可以皮肉分开，先片皮后片肉。将片好的鸭子装盘，即可上席食用。

开封还有叉烧鸭，又名"叉烧烤鸭"，是"汴京烤鸭"中的烤法之一。

名吃名满天下

过去开封有的餐馆中不设烤鸭炉，就用叉烧的方法制售烤鸭。叉烧法是用烤叉叉上初步处理好的鸭子，架在炭火上烤熟，鸭皮香脆，肉质软嫩。将鸭皮、鸭肉、甜面酱、菊花葱、蝴蝶萝卜等，一起用荷叶饼卷着食用，颇具风味。

汴京烤鸭有多种吃法，通常是将烤熟的鸭子，趁热片成片，蘸甜面酱，加葱白，用特制的荷叶饼卷着吃；也可将酱和蒜泥拌匀，同烤鸭肉一起用饼卷着吃；喜食甜的，可以蘸白糖吃，味道也极佳。片净肉的鸭骨架还可以加白菜、冬瓜熬汤，别有风味。

葱花油饼香喷喷

记忆中关于故乡的食物，除了饺子、面条之外就是油饼了，而且必须是葱花油饼。每年的初春，新葱刚刚上市的时候，母亲就会在地锅里烙油饼。以面粉、葱花、植物油、五香粉、盐为原料烙制而成。特点是两面柿黄，层次分明，外焦里筋，酥香利口。少年时代，葱花油饼是最好的干粮，烙好的油饼可以放三五天而不变质，而且是越放越干，啃起来堪比新疆的馕，不过吃起来比馕更香。我曾尝试做过几次葱花油饼，和的面不说，单就火候就不好把握，总是有些黑煳，影响口感，要么就是太干，吃起来垫牙。我曾一度怀疑是煤气灶的原因，因为少年时代母亲用的是地锅，烧的是劈柴。后来换了地锅照样做的不成功，原来是技术太差。

历史悠久的开封油饼

开封油饼，历史悠久。老开封都称其为烙饼，豫东农村更习称"烙馍"，有咸有甜，所谓甜并不一定是添加了糖，而是与咸相比味道淡一些而已。一般采用小麦面，用水和面，冬天用温水，夏天用凉水，不用发酵，百姓称其为"死面"。把面团擀成水盘大小的圆张，甜饼极薄，不加任何调料，咸饼略厚，常常佐以葱花油盐，所以咸饼又称葱花油饼。将擀好的饼，放在烧热的铁锅或者平底锅或者鏊子翻烤。甜饼一正一翻即热，甜饼多伴着以绿豆芽、黄瓜丝、菠菜、粉条，加用醋蒜汁、芝麻酱或小磨油调拌的"货菜"吃；咸饼讲究"三翻六转"，不需另外烧菜，一碗大米或小米稀饭，或者面汤即可，朴素简单，边吃边喝，舒舒服服十分滋润。

北宋东京城有一种"莲花饼"有十五种颜色，每隔有一折枝莲花，作十五色。北宋东京城已有专营的"饼店"，分为胡饼店、油饼店。明代饼类更为繁多，蒋一葵《长安客话》的"饼"文中，按成熟方法将饼分为三大类：水瀹而食者皆为汤饼；笼蒸而食者皆为笼饼，亦曰炊饼（"蒸饼"当然是用蒸汽蒸熟的饼，北宋仁宗的名字叫赵祯，为了避讳皇帝名字，于是"蒸饼"改为"炊饼"）。武松的哥哥大郎卖的就是这种食品；炉熟而食者皆为胡饼（"胡饼"以来自西域而得名）。此时饼仍作为面食的统称，直至清中叶以后，饼才开始指扁圆、长方形的面食品。

咱单说油饼，《东京梦华录》一书中记载："凡饼店有油饼店，有胡饼店。若油饼店，即卖蒸饼、糖饼、装合、引盘之类。胡饼店，即卖门油、菊花、宽焦、侧厚、油砣、髓饼、新样满麻。"孟元老回忆旧京繁华，说京城里的油饼店，每个案板上有三五个人，有人专门负责捍剂，就是把小面团擀开，供装馅儿。有人专门负责卓花，在做好的生面饼上点缀花色图案，分工明确，然后入炉烘烤。每天五更开始，桌案的响声，远近都能听得到。而只有武成王庙前海州张家、皇建院前郑家的生意最兴盛，每家有 50 多座烤炉。搁在今天，在开封如果一家饼店有 50 多座烤炉在同时加工，那场面肯定甚为壮观，我估计都可以申请吉尼斯纪录了，这得多大的店啊。"自土市子南去……得胜桥郑家油饼店，动二十余炉……"郑家油饼店生意也很好，竟然有 20 多座炉子在同时开工，其热闹繁忙的场面可见一斑。另外在《东京梦华录》里面还可以看到如曹婆婆油饼、张家油饼，也都是京师著名的饼店，反映出对于这种饼类的食物，食者众多。油饼本是家庭平常的食物，却在市场上颇受欢迎，这也从另一个侧面反映出京师百姓生活的富裕，用孟元老的话讲就是"市井经济之家，往往只于市店旋买饭食，不置家蔬"。

油饼还被作为"看盘"进入国宴。《东京梦华录》《梦粱录》说到皇帝赐宴，"每分列环饼、油饼、枣塔为看盘，次列果子。唯大辽加之猪、羊、鸡、鹅、兔，连骨熟肉为看盘，皆以小绳束之。"这是说看盘有两行，一行是饼，一行是果子，有外族加一行是熟肉。油饼作为看盘，能够上御宴，可见这普通的油饼还是很不平凡的。看盘不能吃，仅仅是礼节性展示。

失传了的大油饼

丰富多样的"饼"构成了古代面食的一大特色，而且是各具特色。据《太平广记》记载，在当时曾经发生过这样一件有趣的故事："王蜀时，有赵雄武者，众号赵大饼。累典名郡，为一时之富豪。严洁奉身，精于饮馔。居常不使膳夫，六局之中，各有二婢执役，当厨者十五余辈，皆着窄袖鲜洁衣装。事一餐，邀一客，必水陆俱备。虽王侯之家，不得相仿焉。有能造大饼，每三斗面擀一枚，大于数间屋。或大内宴聚，或豪家有广筵，多于众宾内献一枚，裁剖用之，皆有余矣。虽亲密懿分，莫知擀造之法。以此得大饼之号。"三斗面擀一张饼，而且"大于数间屋"，应该是真正的"大饼"了。《北梦琐言》也记载了这个故事，这个叫赵雄武的官员，当过好几任地方官员，廉洁奉公，不但官当得很干净，而且食品也做得干净漂亮，是一位清官美食家，尤其善于做大饼。他从来不请厨师，饮食方面他自己操作。当然，凭他的手艺也没人敢到他家应聘厨师，打下手的倒有十五个。助手们都穿着窄袖子的工作服，而且衣着一定要干净。哪怕家里只请一个客人，也要各色菜肴俱全，山珍海味样样不缺，哪怕是王侯之家都赶不上。且说他造的大饼，每一张大饼需要三斗面粉做料。不知道是不是膨化的效果，饼出来后有几间房那么大。堪称世界最大"披萨"了。

个头大，味道如何呢？据说皇宫里头举行宴会，豪宅大院举办宴席，都要买他做的饼。宾客们剖分而食，赞不绝口。

这饼是怎么做的？对不起，历史没记载，只能归咎于赵大饼知识产权意识太重，哪怕最亲密的亲人朋友，都不能得知他制饼的秘籍，至今再也看不到哪里有卖如此大饼的了。

名吃名满天下

"中州膳食一绝" 吊卤面

行走开封，不得不佩服这座古城的人拥有的吃面的习惯。街头餐馆有开封拉面、尉氏烩面、山西刀削面，夜市更有油泼辣子面、手工捞面、大刀面等。在西餐厅，竟然也有国外面食不远万里来到开封。面，是这座城市最本真的表情，是这座城市历史文化的真实传承。

20年前我毕业伊始曾到江南求职，辗转半月，终是不习惯鱼米之乡缺少的家乡味道而返回开封，一下火车就是来一碗开封拉面，羊肉冬瓜卤的那种，感觉这样才是生活的味道和意义。随着在开封居住岁月愈久，越感到这座城市的面食好吃。阅读《东京梦华录》意外发现，北宋的开封城竟然夜市面馆林立。在宋代，各种面条问世，如鸡丝面、三鲜面、鳝鱼面、羊肉面等，面条开始普及全国。孟元老在《食店》条目仅有"面"字的面食类就有生软羊面、桐皮面、插肉面等十多种，且有"合羹"（全份）与"单羹"（半份）之分，是不是有些像现在的大碗小碗面之分呢？大宋南迁之后，吴自牧在《梦粱录》卷十六《面食店》条目，按调味的浇头等，南宋初的杭州，总共有笋洗圆面、盐煎面、素骨头面等不下百余种。如此看来，这些面里头都或多或少夹杂着汴京的风情啊。这回，咱们穿越民国，到山货店街来品味吊卤面。

说起黄继善，大家总想起小笼包子。其实，除了小笼包子，黄继善还善于制作吊卤面。话说黄继善15岁逃荒到开封，在一家小菜馆当学徒。几年后出师，又遇到了自南京来开封避兵乱的官宦人家的厨师周孝德，遂结为师徒。

当时周孝德在山货店街 19 号吴家一个小院里开馆，因黄继善为人正直，忠厚勤快，手脚利索，颇得周孝德赏识，对其十分信任，让他掌管门面，负责经营，技艺上也给以真传。周孝德技艺高超，黄继善勤奋好学，师徒配合默契，生意越做越红火，一天到晚，门庭若市，座无空席。当时开封著名餐馆又一村正好在小吃店的对面，那里的顾客往往指名要小吃店的小笼包子、吊卤细面作为主食。黄继善的小吃店名气越传越远，生意也越做越大，日营业额达到四五十块银圆。

当时饭馆还没有正式的名字，一天，黄继善提着一包点心去拜访房东吴仲琳，老先生是个书法家，经常到饭馆吃饭。黄继善恳请他给饭馆起个字号，他欣然同意。这么好吃的包子起个什么名字呢？老先生沉吟良久，想起史书上记载北宋时，有家饭店以制作包子而名满京城，其包子名叫"王楼山洞梅花包子"，号称"在京第一"。于是挥笔写下"第一点心馆"五个大字。1932 年秋，正当黄继善的事业如日中天的时候，河南省政府建设厅厅长张钫买下了吴家的这处房产，开设崇记商号。"第一点心馆"不得不选址搬迁。由于时间仓促，一时难以找到合适的地方，黄继善就在山货店街南口买了一座几近倒塌的小楼，修缮一新后重新开业。因为有了这座小楼，"第一点心馆"更名为"第一楼点心馆"，并请清末举人祝鸿元题写了匾额。

黄继善不因为生意兴隆了就降低了饭菜的质量。他在选料上十分严谨，芝麻油要新磨的，粉芡要绿豆的，面粉要麦穗牌的，甚至为防顶冒，给他送货的人都固定下来。黄继善做吊卤面一定要用绿豆芡，有一次，一个客人要吃吊卤面，但他并没有做，客人问起原因，他解释说没有好芡。客人遗憾的同时对其严控质量的做法大大点赞。

清代厨膳秘籍《调鼎集》里面有"卤子面"的做法：面粉用水和成光滑均匀的面团，稍醒后擀成薄片，折叠成长条，切作细面条，抖开，下入滚水中煮熟，捞出面条，盛在碗内；取肥瘦各半的嫩猪肉，切作小方块，将肥、瘦猪肉分别盛放；锅内加水及料酒，水滚后先下肥肉，再下精肉；把熟猪油调在酱内，待肉半熟时，倒入调好的酱，再下花椒末、砂仁粉及葱花；临起锅时用豆粉调作稠糊，倒入锅内勾芡；最后将卤子浇在面碗里即可。"卤子面"

的特点是面条柔软不糊，卤子鲜美适口，其面质如筋、韧、滑、爽外，卤汁更具特色。笔者一度怀疑开封吊卤面吸取了"卤子面"的工艺并做了改良。

开封吊卤面的主要技术也在于制卤：先将猪瘦肉切成雪花片，用酱油、绍酒腌三五天，放入七成热的高汤，水沸后捞出。第二步将海米、玉兰片与木耳、南荠切成雪花片，同大青豆一起放入清水锅内。水开后，放入姜米、味精、酱油、盐，勾入流水芡，搅成不稀不稠的糊；然后将肉片、黄花菜、蘑菇放入，煮二三分钟，端锅离火；将鸡蛋糊陆续倒入锅内，蛋糊凝固后，端锅上火，用小武火煮制；鸡蛋浮起，倒入盆内，淋上花椒油、小磨麻油、搅匀，浇在细面条上，即可食用。经数道工序精制而成的吊卤面油亮美观，色泽鲜艳，卤汁黏而不腻，用筷子将面条挑起，卤汁附在面条上，挂面不流，堪称"中州膳食一绝"。

我是没有品尝过黄继善先生做的吊卤面，甚觉得遗憾。好在，开封美食在岁月变迁中传承了下来，时间可以改变，味道却没有改变。

拔丝琉璃馍，岁月积淀下来的香甜

　　小时候，老家管吃宴席叫"吃桌"，后来发现开封本土方言也有这样的叫法。"吃桌"就是结婚或者满月喜酒的一顿解馋，大鱼大肉，吃得满嘴流油，吃得满腹美食。乡村待客都是实打实，满桌的美味佳肴，盘子摞成山，一如开封"城摞城"，叠盘架碗，实在有些铺张浪费。记忆中印象最深的一道菜叫"拔丝琉璃馍"。有一回大概是我四舅结婚吧，在宴席上，这道菜竟然被我大老表端起盘子就跑，二老表不愿意了，撵上就是抢一筷子，怕老大要回，急忙填塞嘴中。殊不知这道菜是经过油炸，加上糖挂丝之后，温度很高，烫的二老表疼的哇哇大哭。这是乡村宴席上的"保留节目"，谁家办事没有上这道菜，似乎就不成席，就算有猴头燕窝，亲戚邻居就还是看不起。古人云："人间有味是清欢"，在我看来，人间有味是拔丝琉璃馍。

心急吃不了拔丝菜

　　1952 年黄裳在《豫行散记》中写道："河南菜留给我的印象是很好的，当然有黄河鲤，但使人难以忘怀的则是一道甜菜——拔丝山药，夹起来时糖丝竟拖到一尺来长。"传说拔丝菜起源于秦朝，在古代秦朝的市场上最初还没有糖卖，人们到处寻找含有糖分的植物根、茎做原料，放入大锅内煮烂熬干水分来制糖。有一天晚上，技术人员多喝了几盅酒不知不觉睡着了，而专门负责烧火的小青年也因连续熬糖太累睡着了。当他一觉醒来时发现熬糖的大锅里正冒着黄色稠液的泡泡，他怕遭到打骂，就悄悄地把下一锅的甜菜根倒进了锅里并拿起大勺在涡里使劲地搅和，奇怪了，此时只见甜菜根上都呈现出透明的金丝。他吓得惊叫起来。被惊醒的技术人员问明了原因也感到好奇，马上令小青年撤掉灶火，把甜菜根捞出来再仔细观察，发现这时菜根上那一条条金丝要多长就有多长，且待凉了就像冰一样"冻"在一起。为了弄清原理他把"冰冻"的菜根放在嘴里品尝，感到又甜又脆。在此启发下以后他又试着用"锅巴"蘸糖拔丝，并分给邻居们品尝，想不到大家都说好吃。后来有人又试着用熟白薯、苹果、香蕉和馍拔丝，同样香甜适口，于是，拔丝菜从此便流传于世了。

还有一种说法是拔丝起源于唐朝。相传一天，李密邀魏徵饮宴，商议如何攻占荥阳。李密想要快攻，速战速决，但魏徵就是不提攻打荥阳之事，李密十分着急，又拿他没办法。魏徵出去了一会儿，回来时领着一个厨师，厨师端着一盘色泽金黄的菜肴，热腾腾的香气扑鼻而来，李密下筷就吃，随即"哎哟"一声，唇边已烫起个血泡。此时，厨师又送上一碗凉水，魏徵夹起山药往凉水中一涮，然后放入口中，并叫李密也照此法品尝。李密一吃，香甜脆嫩十分可口，这道菜就是拔丝山药。李密吃着这道菜，顿悟了心急吃不得热豆腐的道理，随即冷静下来，与魏徵一起周密策划作战计划。结果一举攻下荥阳，活捉守城主帅王世充。当然，这些只是传说而已，千百年来，经过历代厨师的继承和创新，拔丝菜已经成为餐桌上的一道美食。

《中国烹饪百科全书》记载拔丝法由元代制作"麻糖"的方法演化而来。《易牙遗意》有制麻糖时"凡熬糖，手中试其黏稠，有牵丝方好"的记载。清代出现"拔丝"名称。清代宣统翰林学士薛宝辰在他所著《素食说略》中提到"拔丝山药"的做法。他说："去皮，切拐刀块，以油灼之，加入调好水冰糖起锅，即有长丝。但以由糖炒之，则无丝也。京师庖人喜为之。"拔丝山药后来成了北京的传统名菜。而今拔丝山药又加上点儿桂花，撒上点炒熟的白芝麻。吃的时候要趁热，夹块山药一拉，常吃的人就这么一拉，这糖丝能拔一丈多远，入口之前一定要在凉开水碗里蘸一下，避免烫嘴。全国各地当今许多菜肴，其中不少也都源于豫菜，从开封流传到各地。"诸如京东菜扒鸡、栗子烧白菜、炒三不粘、拔丝山药、锅贴豆腐、鸡丝拉等，或在宋代传到了江南，或在明清传至北京、山东，或在民国年间传入陕西、四川。"（王子辉《中华饮食文化论》）开封的拔丝山药制作的时候要将山药蒸熟去皮，切成滚刀块。锅放火上，添入油、油热五成时将山药下锅炸制，中间顿火三次。炸成至柿黄色时捞出，滗油。锅内留余油少许，放火上，下白糖炒成稀汁。起小花时，把炸好的山药倒入锅内，甩点清水翻身出锅。特点是糖如细丝，脆甜爽口，此乃豫菜中甜菜之名品。 开封的风味食品和烹饪技术代代相传，沿袭至今并不断丰富和提高。

拔丝考验厨师的技艺

拔丝是把糖熬或炒成能拉出丝的糖溶液，使其包裹在经炸制的原料上的成菜技法。在制作过程中，原料需要经挂糊（或不挂糊）过油炸制处理，再与熬好的糖汁快速翻炒均匀，立即上桌食用。成菜具有色泽晶莹金黄，口感外脆里嫩，香甜可口。

在我们杞县老家衡量一个厨师水平的高低就是看他会不会做拔丝菜，就算是御厨做不好拔丝菜照样得不到认可。拔丝的关键在熬糖，熬时欠火或过火均不出丝。熬糖液有干熬、水熬、油熬、油水混合熬4种方法。我见过乡村的厨师制作拔丝菜的时候熬糖的过程，如油熬法的油与糖比例为油刚好浸没糖为度，油多原料裹不上糖液，油、糖下锅后以小火加热，用勺子不停地推动，至糖全部溶化，由稠变稀，呈金黄色时投料翻锅颠匀即可。

在熬糖的过程中如果火力过大，就要立即离火或半离火、或压煤进行调节，以防止过火引起糖焦化变黑发苦。熬制时间一定要控制准确，一般熬制糖浆的时间比较短，尤其是在形成拔丝的阶段更短，往往只在一瞬间。这就看厨师的经验了，需要依靠目测，对锅内糖液受热后的形态、色泽变化进行观察，把握时机，出手要快、干脆利落。如出手缓慢延误时间，糖浆中的晶粒发生聚合焦化，不仅食用时拔不出丝，而且口感焦苦，甚至无法食用。挂匀糖浆的拔丝菜要立即上桌趁热食用，如停放时间过长，糖浆凝固成块，筷子就夹不动了，分散不开，甚至粘在盘子上。吃拔丝菜品时应备凉开水碗，供食者挟食物拔丝后蘸一下，快速降温，既避免烫口，也可使糖衣变脆而不粘牙。

烧臆子：此味只有天上有

大概每隔几年，"二师兄"的身价便会大幅上涨，吃货们冒着"三高"的风险，而满足口舌的滋润。从古至今，这"二师兄"就伴随人类的味蕾不断成长。古人造字的时候，"家"不就是屋檐下有一头猪吗？有猪才算是家啊，有猪肉吃，才算是小康生活啊。小时候，邻居是个屠夫，几乎每天都要宰杀生猪，晚上煮肉的香味令人垂涎三尺。后来看到央视纪录片《舌尖上的中国》总导演、美食专栏作者陈晓卿的一句话，就深深同情他，他说："对美食的享受，很大程度上会受相关背景的影响。《东京梦华录》里讲到烧臆子，我就特别想去开封，到了开封之后专门去找，但再也吃不出书里的味道。"是啊，当我们抱怨肉没小时候的香的时候，除了食材本身的速生长之外，更多的是我们肚子里面有了"油水"而淡化了食物的味道。这烧臆子啊，可是开封的一道名菜，一般厨师还是做不成的。

宋代猪肉很盛行

如果您仔细看《清明上河图》或者耐心阅读《东京梦华录》，您就会发现，这两个开封文化符号中竟然多处出现关于猪的描绘。市井开封，风情万种，这"二师兄"有什么好描述的呢？人与自然的和谐相处，也不需要这猪来点缀风景啊。后来，笔者再阅读其他宋代笔记或者文献，忽然发现关于猪关于猪肉竟然有这么多好玩儿的记载。有这样一则记载，宋太宗时期"京畿民牟晖击登闻鼓，述家奴失瘵豚一，诏令赐千钱偿其直"。开封市民牟晖的家奴看管猪时丢失了一头，被牟晖起诉到当时的最高统治者宋太宗那里，太宗诏令赐给 1000 文钱作为赔偿猪的价格。作为皇帝可以说日理万机，连丢失一头猪这种小事都要过问，这就说明"二师兄"地位非同寻常。甚至当时的相国寺也有高僧惠明烹制猪肉，佛门圣地也未能免俗，时人戏曰"烧猪院"。宰相王旦生日，宋真宗一次就赐猪 100 头。《清明上河图》中有五头大猪，在街上大摇大摆，旁若无人，市井百姓习以为常。王禹偁记载了开封城郊的养猪状况："北邻有闲园，瓦砾杂荆杞。未尝动耕牛，但见牧群豕。"

宋代不但民间养猪多，而且宫廷也养猪，其目的出于祭祀之外，还有另一种意想不到的功能——辟邪。熙宁年间，宋朝政府计划大规模改造京师开封，但"鉴苑中牧豚及内作坊之事，卒不敢更"，因为猪而影响了城市规划，他们害怕动了猪圈而影响宫廷的平安。

张齐贤贵为宰相，却对猪肉有着特别的嗜好。据史料记载："张仆射体质丰大，饮食过人，尤嗜肥猪肉，每食数斤。"一顿饭能吃几斤猪肉，确实少见。苏轼也爱吃猪肉，并且发明了一道特色菜"东坡肉"。这道菜不但是宋朝的名菜，至今仍颇受欢迎。在北宋东京，民间所宰杀生猪都要从南熏门进城，"每日至晚，每群万数，止数十人驱逐，无有乱行者"。瓠羹店门前"上挂成边猪羊，相间三二十边"。苏轼的《猪肉颂》更直言猪肉便宜，老百姓都吃得起："净洗铛，少著水，柴头罨烟焰不起。待他自熟莫催他，火候足时他自美。黄州好猪肉，价贱如泥土。贵者不肯吃，贫者不解煮，早晨起来打两碗，饱得自家君莫管。"猪肉物美价廉，于是便产生了诸多猪肉美食。陆游《蔬食戏书》："东门彘肉更奇绝，肥美不减胡羊酥。"陆游大大赞美烧烤猪肉味道美，不亚于烧羊肉。

慈禧太后点赞烧臆子

北宋的京都设在开封，当时街市繁华无比，官商行旅人口稠密，饮食业高度发达，名菜中有一种用炭火烤制的猪胸叉肉，是官场应酬时常点的大菜，它就是今天开封市"烧臆子"的前身，后来因时代的变迁而一度失传。在孟元老的《东京梦华录·饮食果子》一节中还可以找到当时的记载："鹅鸭排蒸、荔枝腰子、还原腰子、烧臆子……"

1901年11月12日，"西狩"回京的慈禧和光绪途经开封，慈禧太后一行在开封停留了33天，开封名厨陈永祥主办御膳。慈禧后来行至豫北淇县仍余味未尽，禁不住再次特招陈永祥去办"御膳"。在淇县，陈永祥一改开封菜肴，精心制作"烧臆子"。他曾按照文献记载摸索烹制成北宋名菜"烧臆子"，受到一些达官贵人的称赞。慈禧太后品尝了陈永祥做的这道菜非常满意，倍加欣赏，并特意召见他仔细询问此菜的由来。太后知道"烧臆子"是北宋皇家菜肴后，更加高兴，还重赏了陈永祥许多金银。陈永祥这次获得了"御厨"的赏赐，名声大振。

烧臆子的制法需要将猪的胸叉肉切成上宽25厘米、下宽33厘米、长40厘米的方块，顺排骨的间隙戳穿数孔，把烤叉从排面插入，在木炭火上先一面烧透，然后用凉水将肉浸泡30分钟后，取出，顺着排骨间隙用竹签扎些小孔，俗称放气，便于入味儿，再翻过来烤带皮的一面。边烤边用刷子蘸花椒盐水（事先用花椒与盐加开水煮成）刷在排骨上，使其渗透入味。烤4小时左右，至肉的表面呈金黄色、皮脆酥香时离火。陈家烧臆子还要刷上两层香醋，其目的是香醋可以使皮变得酥脆，趁热用刀切成大片，装盘上席即成。这时仍可听见烧肉吱吱作响。吃时配以荷叶夹和葱段、甜面酱各一碟。成菜色泽金黄，皮脆肉嫩，香味浓厚，爽口不腻。越嚼越有味儿，直到满口生香，久而不散，实在令人大开胃口。

杞忧烘皮肘与琥珀冬瓜

多年前，16 岁考上北大的杞县才子赵国栋，在京师名校遇见同学自我介绍的时候说自己是河南杞县人，怕他们没有地域概念，总不忘追加一句"就是杞人忧天的杞县人"，对方就是一副恍然大悟的样子。杞县虽说是个县城，但历史悠久，古时曾为杞国，而今天所说的这杞忧烘皮肘就与杞国深有关联，琥珀冬瓜则与北宋旧都开封有关。这一荤一素皆有传说和文化，泡一壶茶暂且慢慢品味吧。

何以解忧，唯有烘皮肘

小时候听到杞人忧天的传说，不以为然，现在看来，古代的杞人真是有先见之明啊，雾霾天气的持续今人也开始"忧天"。列子在其著作中记载了当年的杞国人是如何如何忧天的，"杞国有人忧天地崩坠，身亡所寄，废寝食者。"（《列子·天瑞》）列子没有介绍后续的事情，这忧天人最后是怎么释怀了呢？据传说，原来竟是这样一道美食——烘皮肘竟然治好了他的心病。

在杞县当地，传说是这样的：很早之前，古代的杞国是天地的中心，叫中天镇，到了春秋战国时期改名为杞国。杞国地理位置重要，乃兵家必争之地。杞国又是烹饪始祖伊尹长眠之地。当时杞国有一老者，整日里胡思乱想，怕这怕那，忧心忡忡。有一天他到女儿家去做客，酒足饭饱之后回归家去，刚走至中途，突然天下起暴风雨来。一时间，狂风骤起，电闪雷鸣，天陡然黑了下来。直吓得这老人双手抱头，哆哆嗦嗦，龟缩在一棵大槐树下。忽然"轰隆"一声炸雷，顿时把老人吓得昏了过去。天晴之后，他儿女四处找寻，好不容易把父亲找了回来。从此后，老人又多了一个心病，他担心，天是会塌下来的。儿女们请医问药，但父亲的心病怎么也治不好，相反病态却日益加重。老人家整日忧愁，闷闷不乐，害怕天塌下之后，人们将会遭受灭顶之灾。因此，日复一日，茶饭不思，身体逐渐消瘦。

杞忧烘皮肘

　　这位老者的一个好朋友听说这件事后，就想宽宽他的心，便把他邀请到府中做客。老者的朋友是个厨师，他明白老者因为"忧天"而焦虑过度，伤及胃脾，致使食欲不振，于是就特意飨以自制美味"烘皮肘"。猪肘瘦肉多，本就好吃，烧烘时加冰糖，银耳以润肺清火，加枸杞以补肾，加红枣以补肝，加黑豆以壮筋，加莲子以补脾胃。没想到老者吃后食欲大增，忧虑心情也舒缓了不少。老者回家后命人如法炮制，一日一餐，忧虑渐消，身体很快恢复健康。此菜传开后，成为杞国的一道地方名菜，故取名"杞忧烘皮肘"。

　　"杞忧烘皮肘"取料讲究，制作精细。取一斤半重左右的猪前肘，将肘子皮朝下放在铁笊篱中，放在旺火上，燎烤10分钟左右，倒入凉水盆内，将

名吃名满天下

黑皮刮净，再把肘子皮朝下放在笊篱中，上火燎烤。如此反复三次，肉皮刮掉三分之二。再将刮洗干净的肘子，放汤锅里煮五成熟，捞出修成圆形，皮向下偏刀切成菱形块，放碗内，将起下来的碎肉放在上面。然后将泡煮五成熟的黑豆和洗净的枸杞果放碗内，上笼用旺火蒸两小时。红枣两头裁齐，将枣核捅出。莲子放在盆内，加入开水和碱，用齐头炊帚打去外皮，冲洗干净，截去两头，捅去莲心，放在碗内，加入少量大油，上笼蒸 20 分钟，取出滗去水分，装入枣心内，再上笼蒸 20 分钟。锅内放入锅垫，把蒸过的肘子，皮朝下放锅垫上，添入清水两勺，放入冰糖、白糖、蜂蜜，把装好的大枣放上，用大盘扣着，用大火烧开，再移至小火上，烘焯半小时。呈琥珀色时，去掉盘子，拣出大枣，用漏勺托着锅垫扣入盘内。将黑豆、杞果倒入余汁内，待汁烘起，盛肘子入盘，略加整形，点以银耳即成。

这道菜透明发亮，色似琥珀。吃起来皮烘肉烂，香甜可口，是一道补肝肾、润心肺、壮筋骨的药膳佳肴。

把冬瓜做成佳肴

开封还有一道菜也是成琥珀色，这道菜是纯素菜。中餐讲究色香味，成语有"秀色可餐"。琥珀原是古代树脂的化石，颜色深红，光亮艳丽。人们习惯在一些菜肴前冠以"琥珀"二字加以赞美。贾思勰在《齐民要术》中记载了"琥珀汤"，说它"内外明澈如琥珀"，后世也延续下来很多琥珀菜肴。但把肘子做成琥珀色容易，把冬瓜做成琥珀色需要功夫了。

冬瓜是最平常的食材，可荤可素，既是家常菜，又是宫廷菜，可与豆腐青菜为伍，可与山珍海味为伴。北宋时期宋仁宗召见江陵张景的时候问道："卿在江陵有何贵？"张答："两岸绿杨遮虎渡，一湾芳草护龙州。"仁宗又问："所食何物？"张答："新粟米炊鱼子饮，嫩冬瓜煮鳖裙羹。"从此以后，这道民间的甲鱼裙边和鸡汤一起炖冬瓜，成了宋代宫廷名菜"冬瓜鳖裙羹"。

"琥珀冬瓜"由宋代的"蜜煎冬瓜"演变而来，以经霜冬瓜为主料，用白糖、冰糖加清水收靠而成，因色泽如琥珀，故名。

　　宋代郑安晓有咏《冬瓜》诗："剪剪黄花秋复春，霜皮露叶护长身。"
明清诸多饮食典籍中多有烹制冬瓜的方法：如《多能鄙事》的蜜煎冬瓜，《群
芳谱》的蒜冬瓜，《养小录》的煮冬瓜、煨冬瓜法，等等。冬瓜的做法很多，
但是最受欢迎的还是开封各大饭店经营的琥珀冬瓜。琥珀冬瓜色泽枣红、嫩
甜筋香，深受消费者欢迎。经开封历代厨师的不断改进，到了清代中晚期已
经成为独具特色的高档甜菜。相传，光绪末年，开封山敬楼饭庄的名厨王凤
彩制作此菜最有名，1940 年前后又经名厨苏永秀改进．将冬瓜刻成各式各样
的水果形状，才形成色、形、味俱佳的馔肴，被视为又一新饭店的名菜。此
菜 1992 年收入《中国烹饪百科全书》，2000 年 2 月被国家国内贸易局认证
为中国名菜。

琥珀冬瓜　来源《豫菜诗话》

　　琥珀冬瓜属于甜菜类，制作时选用肉厚的冬瓜，去皮后刻成佛手、石榴、仙桃形状，晶莹透亮，然后铺在箅子上，放进开水蘸透，再放进锅内，兑入去掉杂质的白糖水，武火烧开后，改用小火，至冬瓜呈浅枣红色、汁浓发亮时即成。在鱼肉居多的宴席上，尝上几口琥珀冬瓜，真是清爽无比。冬瓜味甘淡而性微寒，有利尿消痰、清热解毒的功效，有较好的减肥作用。据唐代孟诜《食疗本草》记载，冬瓜"欲得肥者勿食之，为下气；欲瘦小轻健者，食之甚健人"。《中国食经》认为冬瓜无脂低钠，可以利尿，能阻遏碳水化合物的脂肪转化，并减少水钠潴留，可耗体内脂肪，有减肥之效。

　　如果按照我的喜好，在开封饭店里面点菜的时候会把杞忧烘皮肘与琥珀冬瓜一起上席，吃一口是杞忧烘皮肘忘掉忧愁，再吃一口琥珀冬瓜减去脂肪，荤素搭配，岂不美哉！

五色板肚与汴京火腿

到北京，寻小吃，朋友推荐老北京的卤煮，说是源于宫廷，距今已有200多年历史。他说的是陈记卤煮小肠，最初是卖清宫廷御膳苏造肉，为适应平民百姓食用，将主要原料五花肉改成了廉价的猪下水，特别是以猪肠为主，变为"卤煮小肠"。"肠肥而不腻，肉烂而不糟，火烧透而不粘，汤浓香醇厚"，堪称一绝。虽然吃起来很可口，却叫人不禁想起了汴京的风味小吃，家乡味是最难忘的风味，其间不仅有乡愁，更有怀旧和回望。就像驰名的金华火腿，在我这个"老开封"看来，远远不如汴京火腿的味道，一如"月是故乡明"。

源于北宋的开封卤肚

五色板肚源于北宋的"爊物"。关于爊，《说文》说"温器也……和五味以致其熟也。""爊物"就是后世的卤味，置鸡鸭鱼肉于器中，和五味以文火细煮，以致其熟。《东京梦华录》卷之三《马行街铺席》记载："北食则矾楼前李四家、段家爊物、石逢巴子，南食则寺桥金家、九曲子周家，最为屈指。"孟元老专门指出了北宋东京矾楼前有一家姓段的店主开的北食店卖"爊物"——也就是卤煮食品，在京城首屈一指，味道杠杠的！这家店的卤煮食物相当受市场欢迎，南渡多年之后还叫孟元老念念不忘它的美味。

百岁寓翁《枫窗小牍》卷上记载："旧京工伎固多奇妙，即烹煮槃案，亦复擅名。如王楼梅花包子、曹婆肉饼、薛家羊饭、梅家鹅鸭、曹家从食、徐家瓠羹、郑家油饼、王家乳酪、段家熝物、石逢巴子南食之类，皆声称于时。"这百岁寓翁名叫袁褧，他在南迁之后，回忆北宋京城所记载了关于"熝物"等美食的回忆。

在开封民间至今还流传着另一个版本的"熝物"故事，与鲁智深有关。话说这鲁智深还是鲁达的时候在渭州小种经略相公手下当差，任经略府提辖。有一次他去酒馆喝酒，替金氏父女出气，三拳打死了郑屠户，后被官府追捕，逃到五台山削发为僧，改名智深。却又因酒大闹五台山，长老便介绍他去东京大相国寺，长老的一个师弟在那儿当长老。大相国寺的长老也不敢把鲁智深放在庙里，只派他去酸枣门外看守菜园。几个泼皮无赖被他制服之后，个个心服口服。这鲁智深每日率众舞枪弄棒，练拳习武。当时汴河南岸有一家"五舍"号酒店，擅长卤制各种下水，众泼皮每日于"五舍"号买些卤肚孝敬鲁智深。酒肉穿肠过的花和尚，甚是欢喜。他经常邀请江湖朋友来吃酒品菜，这"五舍"号酒店的卤肚就此闻名。（参阅《开封市食品志》，1986 年油印本）

到了清光绪年间，祖籍江南的一位陈姓酱肉师傅来开封，在山货店街开办了"陆稿荐"酱肉店。他别出心裁，佐以多种配料，把南方风味与北宋"五舍"号卤肚风味相融合，精心制作出板肚。因其刀口断面呈红、白、黄、绿、褐五种颜色，于是就取"舍"的谐音称之为"五色板肚"。开封"五色板肚"表面平整，棕黄光亮，咸甜适口，醇香味厚。

"五色板肚"制作工艺较为复杂，必须选取新鲜猪肚，经加工修剪、浸泡整理干净，精选肥瘦比为三比一的猪肉，剔除筋膜，切成丁状，佐以精盐、白糖、料酒、上等香料等进行腌制，然后配以香菜、松花蛋装入猪肚中，将切口封严，经卤制重压透凉而成。吃的时候切成薄片装盘，味道独特，诱人食欲，既可宴席待宾客，又可作家中佳肴。

汴京火腿，宗泽创作的"家乡肉"

我一直觉得汴京火腿与金华火腿有着一定的联系，就像开封与杭州一样，大宋分南北，这火腿是不是也一脉相承呢？

汴京火腿俗称"咸肉"，在开封已经有 800 多年的生产历史。汴京火腿皮薄肉嫩、颜色嫣红，肥肉光洁、色美味鲜，气醇香，又能久藏。清代赵学敏著的《本草纲目拾遗》中称："咸肉味咸，性甘平，有补虚开胃、平肝运脾、活血生津、滋肾足力之功效。"

汴京火腿和金华火腿该是同根同源，为什么这么讲呢？二者都牵涉到一个人和一件历史大事——宗泽和东京保卫战。北宋末年，金兵大肆入侵中原，于公元 1127 年南渡黄河，不久攻占了北宋都城东京。金兵在东京城内，杀害百姓，掳掠财物，无恶不作，就连宋徽宗和宋钦宗两个皇帝都当了他们的俘虏。北宋灭亡，康王赵构 1127 年 5 月宣布即位，这就是宋高宗。后来宋高宗又继续南逃，建都临安。

宗泽，浙江义乌人，是一位著名的抗金将领，岳飞最初就是在他的赏识和提拔下，逐渐成长起来的。赵构逃跑时，任命宗泽担任了东京留守。宗泽招募人才，整顿军队。东京沦陷后，宗泽和子弟兵们义愤填膺，个个在脸上刺下了"赤心报国，誓杀金贼"八个字，立誓要抗击金兵，收复失地，这就是后来"威震河溯"的"八字军"。

传说宗泽收复汴梁以后，到南京向宋高宗报捷，顺便回到金华、义乌，去探望"八字军"的家属。乡亲们听说宗泽和"八字军"打了胜仗，家家户户赶紧杀猪做酒，请宗泽带去慰问子弟兵。宗泽看着乡亲们送来这么多猪肉，十分为难：东京离这里路途遥远，这么新鲜的猪肉，如何带得了？可是，乡亲们如此热爱子弟兵，盛情难却呀！于是，他想出了一个主意，派人找来几只大船，把猪肉放在船舱里，然后放上硝盐，带回了东京。

宗泽回到东京，"八字军"将士纷纷前来打探家乡父老的情况。宗泽高兴地说："家乡父老们都很好，希望大家英勇地抗击金兵。你们看，乡亲们还叫我带来好东西慰问大家！"说着，宗泽叫人打开船舱，只见里面都是腌制好的猪肉，色红如火，发出一阵阵香味。大家赶紧把这猪肉做成菜肴，吃上一口，满口泛香，人人赞不绝口，精神振奋，都来问宗泽："将军，这猪肉怎么这样好吃呀！"宗泽笑说："这就叫'家乡肉'。"大家听了，不由地说道："是呀，今天吃了家乡的肉，抗金的斗志就更高涨啦！"于是，人们就管这种猪肉叫做了"家乡肉"。

过了几天，正巧宋高宗来到东京慰问宗泽和"八字军"。宗泽就把这些猪肉烧成各种菜肴，请宋高宗品尝。宋高宗看着这一盘盘火红的菜肴，十分高兴，等吃到嘴里，味道十分鲜美，就问宗泽："这是什么菜呀，又好看，又鲜美？"宗泽笑呵呵地回答道："陛下，这是'家乡肉'，是从家乡带来的猪腿肉。"宋高宗赞不绝口地说："好一个家乡猪腿肉！你看它，色红如火，如火之腿，那就叫它火腿吧！"

汴京火腿，就此在开封盛行，成为古城一道传统风味食品。民国初年，以"北味芳"所制的汴京火腿最为著名。

汴京火腿选择鲜猪后腿，修割成型后呈扁平椭圆状，分大爪上腰、中腰、腿角等几个部位。佐以料酒、硝少许，香料多味，上盐反复揉搓，翻罐多次，腌制25天左右，再经适度晾晒风干而成。外表干燥清洁、质地密实，肥肉洁白，瘦肉嫣红，色美肉嫩，醇香味鲜。汴京火腿可以有多种吃法，可以单独装盘，也可以配蔬菜，可以蒸、煮、炒、炖、煨，还可以烧汤，每一种做法吃起来都是令人回味无穷，这就是汴京火腿的魅力。

味蕾蘊含鄉愁

"荆芥"：故乡风味最难忘

首先声明一下，我不是土生土长的开封人，我的老家在豫东杞县，属于开封辖区。有一个问题困扰了我 20 多年，1995 年我刚来开封就听说这样一句话"谁谁是吃过大盘荆芥的人"，当初不以为然，不就是荆芥吗？老家菜园里面每年都种，夏天吃凉面条的必备菜。开封话甚至河南话中"吃过大盘荆芥"，就是这人见过大世面的意思。李佩甫在其获奖小说《生命册》里面有这样一段话："那时候，梁五方常说的一句话就是：你吃过大盘荆芥吗？这是多么傲慢的一句话呀！在平原，谁都知道，说'荆芥'不是荆芥，指的是'见识'。就这么一句话，说得一村人侧目而视。"为什么是荆芥？不是大葱，不是萝卜，不是芹菜，不是白菜，不是韭菜……为什么是荆芥？

众所纷纭话"荆芥"

我在微信发布问题求助万能的朋友圈，等来了各种解释。

虹桥月影说："荆芥少找，开封独有，一般人吃不惯，更别说外地人了，比喻见过大世面，有能耐！"纳兰容若说："我猜以前荆芥比较小众，能吃到的人都有权势，可能是荆芥味冲，一般人享不了。"丰年说："鄙人以为，荆芥因为味道独特，一般人即使是喜欢吃，也是放到菜里或饭里少量吃，能吃大盘荆芥的人说明见识广，肚量大！"祥符区的张志强说，开封作为北宋京城之后，它在全国的影响那是相当大的。士农工商、达官显贵，到京城开封来述职、来采买、来赶考、来游玩，都会在开封吃、在开封住。在饭铺里、小吃摊上，人们都会吃到荆芥这道味道独特鲜美的小菜。因为外地人没见过更没吃过荆芥，而只有到过京城开封的人才能吃上荆芥，所以，人们就称到过京城开封的人"吃过大盘荆芥"。而那些走南闯北、见多识广或并没到过京城开封的人，也以此在人们面前炫耀，"吃过大盘荆芥的人就会得到周围人们的青睐"。学者跬步说："取境界谐音，说见过大世面，吃其他都不中。"

各说各的理，一下子把我也整晕了。这最平常的食材，竟然引来这么多的关注。荆芥就是乡村邻家的二八少女、小家碧玉，朴实无华。最平常的食物才是最长久的菜蔬，就像萝卜和白菜，怎么吃都吃不烦，它们以自己独有的魅力走入朱门或者柴扉。富贵人家吃的是健康营养，贫苦百姓吃的是物美价廉。

荆芥原来是良药

荆芥喜温暖湿润气候，喜阳光充足，怕干旱，忌积水。以疏松肥沃、排水良好的沙质土壤最宜生长。开封土壤富含黄河淤沙，这是开封盛产荆芥的一个重要原因。荆芥味辛，性微温。《本草分经》记载：辛、苦、温、芳香。升浮，入肝经气分，兼行血分。发汗散风湿，通利血脉，助脾消食。能散血中之风，清热散淤，破结解毒。为风病、血病、疮家要药。风在皮里膜外者宜之。荆芥全草入药，主治感冒发热、头痛、咽喉肿痛、吐血、痈肿等症。据说，清朝时慈禧太后患上了一种怪病，茶饭不思、浑身倦怠，后来吃了荆芥配制的药，很快就恢复了健康。

英国学者李约瑟曾写道："每当人们在中国的文献中查考任何一个具体的科技史料时，往往会发现它的主要焦点就在宋代。不管在应用科学方面或在纯粹科学方面都是如此。"在开封写文章，我也是不自觉地往北宋去溯源。在北宋，荆芥担负着什么样的使命呢？原来这荆芥竟然是良药。宋太宗晚年的时候下诏创办了御药院，其职责是专门掌管帝王用药及保管国内外进献的

· 147 ·

味蕾蕴含乡愁

珍贵药材，并且整理出了我国第一部宫廷内的成方制剂规范——《御药院方》，计 11 卷，对后世颇有影响。宋太宗重视医疗卫生事业，对以后北宋皇帝的影响很大。为了进一步完善本草学，他"又诏天下郡县，呈上所产药本"，令苏颂主持编写了大型图文并茂的本草工具书——《图经本草》。宋仁宗自己也专研方剂，他在古方"柑橘汤"中，加了荆芥、防风、连翘三味药，通治咽喉口舌诸病，"遂名三圣汤，极言其验也"。荆芥净制法最早在宋代《卫生家宝产科备要》中就有"不见火，晒"的记载。

荆芥最早以"假苏"一名载于《神农本草经》中，三国魏的《吴普本草》也收载了它，开始称为荆芥。荆芥并不是开封甚至河南特产，在江苏、浙江、江西、湖南等地都有。

荆芥能解乡愁

荆芥，主要食用鲜嫩的茎叶，它含有多种维生素、矿物质和多量的芳香性挥发油，具有浓郁的清凉薄荷香味。它生熟食均可，尤其是和黄瓜凉拌，香气横溢，沁人肺腑，为其他调味品所不及。在烹调鱼虾时，用荆芥当佐料，可去除腥味，在腌菜时加入适量荆芥味道更鲜美。

荆芥是开封人的最爱，夏天吃凉拌面时有三样少不了：黄瓜丝、蒜汁和荆芥。开封人不但爱吃荆芥，也喜欢用荆芥打比喻。比如说某人有过辉煌的人生经历，就会说这人"吃过大盘荆芥"；如果某人办事不力、经常碰壁，这人也会自嘲"唉，真是不吃荆芥尽荆芥"。

我对荆芥的所有记忆与吃关联。先说"荆芥面托"，这一"托"字应该与古代的"馎饦"有关吧，如果要是这样的话，"面托"该写成"面饦"。荆芥面托由荆芥、面粉搅成面糊煎制而成。成品柔软清香，风味独特，清风热、助脾胃，是夏季的时令佳品。制作方法：将面粉、精盐加入清水调搅成稀糊，再将嫩荆芥叶放入拌匀。平底锅内油少许，放入面糊一勺，摊成厚薄均匀的圆形薄饼，待面糊凝固后，底面煎成浅黄色时，翻过来再煎另一面，又煎成浅黄色时折叠起来，呈半圆形。锅内刷一层油，将两面煎成黄色时再折叠起来四折，即可食用。吃起来有一种淡淡的近似薄荷的清香，很别致。

在开封一带还将荆芥用芝麻酱生拌来吃，更清香。我吃过母亲做的荆芥角子，里面加入嫩南瓜丝，味道鲜美。

我大伯年轻时离开开封到西宁发展，安家落户。多年之后，大伯给我父亲写信说让寄去一包荆芥籽儿，他特别想吃家乡的荆芥，但是在青海根本买不到。大伯收到种子后，专门在小院里栽了一片荆芥，小心地掐叶吃，不敢一下子多吃。荆芥不仅仅可以入药，还可以化解乡愁啊！

味蕾蕴含乡愁

油条：简单食物蕴含着百姓的丰富情感

我对油条的认知有二：一是老家管油条叫油馍。有一种油馍是把面和好，擀成饼状撒上油、葱花，再揉成面团，擀成饼状，放到平底锅或鏊子上翻制；另一种油馍是用油炸的，做法更简单，先和一块面，擀成饼状，用刀切成条状，放进油锅去炸，待炸成金黄色时，捞出即可食用。炸油馍关键在火候，好的炸油馍又香又焦又酥。每年麦收之后，乡村百姓要走"麦罢亲戚"，多是用柳条穿几串油馍放在竹篮里。这样的美食一般是小心品味的，吃不完的要挂在堂屋的梁下，自然风干，再吃起来格外坚硬，味道格外香。在那个年代的食物匮乏，油馍便成了上等的美食，走访亲友的必备食品之一。我的另一个认识是，这种食品不简单，它蕴含了数百年来百姓的爱憎，百姓喜欢吃不仅仅是好吃，还包含着对奸臣的憎恶与唾弃。

油条原来与秦桧有关

油条是北方人常吃的早餐，大部分地区称其为"油条"，这种食物配上豆浆或豆腐脑那实在是完美至极。在开封，这样的早点摊儿处处有，市民都喜欢吃，我经常看到穿着睡衣的男人或者女人用一次性筷子挑着几根油条招摇过市。梁实秋说："烧饼油条是我们中国人标准早餐之一，在北方不分省份、不分阶级、不分老少，大概都喜欢食用。"（《雅舍谈吃》）

在南北朝时《齐民要术》中已有记载油炸食品的制作方法："膏环，用秫稻米屑、水、蜜溲之，强泽如汤饼面，手搦团，可长八寸许，屈令两头相就，膏油煮之。"

我国古代的油条叫作"寒具"，用糯米粉和面，加盐少许，揉搓后捻成环形镯子的形状，用油煎。刘禹锡在一首关于"寒具"的诗中，这样描写油条的形状和制作过程："纤手搓来玉数寻，碧油煎出嫩黄深。夜来春睡无轻重，压匾佳人缠臂金。"可见这"寒具"类似于今天的"馓子"，得缠在手臂上制作。《东京梦华录》有"油炸环饼"的记载，该是与"馓子"相似吧。

在《东京梦华录》还记载了另一种油炸食品："又以油、面、糖蜜造为笑靥儿，谓之'果食'，花样奇巧百端……"这就是宋代的巧果。巧果的传统做法为：首先要把白糖放在锅中熔为糖浆，然后加进面粉、芝麻等辅料，拌匀后摊在案上，晾凉之后再切成均匀的长方形，最后再折为梭形或圆形，放到锅中油炸至金黄即可。有些女子还会用一双巧手把这些色泽艳丽的饼捏成各种与七夕传说有关的花样来。这种油炸食品仅仅是七巧节用，没有走入日常生活。《梦粱录》中记载的"油炸从食"，则是油条之类的食品正式步入历史舞台。而油条与秦桧的关联则在《清稗类钞》中有所记载："油炸桧，长可一尺，捶面使薄，以两条绞之为一，如绳，以油炸之。其初则肖人形，上二手，下二足，略如×字，盖宋人恶秦桧之误国，故象形以诛之也。"

民间传说，油条起源自南宋时的杭州。当时的杭州称为临安，城里有一座众安桥，桥下有两家吃食摊，李四卖芝麻葱烧饼，王二卖油炸糯米团。当时朝廷昏庸无能，卖国降金的宰相秦桧和其妻王氏横行当道，致使精忠报国的抗金英雄岳飞以莫须有的罪名被害于杭州风波亭。消息传开后，一时间，群情激愤，街头巷尾，纷纷议论，痛骂投降卖国贼秦桧。王二和李四听到这一消息后，非常气愤。李四不由得攥起拳头往案板上一敲。你看我来整治这小子，非叫他不得好死，于是从面案上揪下两块面疙瘩，捏成两个面人，一个是吊眉秦桧，一个是翘嘴王氏。放在案板

味蕾蕴含乡愁

操起刀，对王二说："你看着，我叫这老奸贼碎尸万段"！王二忙说："甭！这不解恨，得叫他点天灯，下油锅！"为了泄愤，王二拿起面团捏成一男一女两个小人的形状，并让它们背靠背粘在一起丢进油锅里，百般烹炸，令其满锅打滚，翻来覆去，不断煎熬，直至"皮焦骨酥"，并取名叫"油炸桧"。王二大声吆喝："都来看哪，秦桧下油锅哩！"附近行人围拢相望，无不拍手称快。一对面人捞出后，众人你揪一块，他拽一截，你撕他咬，都觉解恨，纷纷要求王二就照这样多做多炸，人们争相购买。"油炸桧"既解心头之恨，又充腹中之饥。其他食铺见状，也争相仿效，几乎整个临安城都做起了"油炸桧"，并很快传遍全国。刚做的时候，怕得罪秦桧，所以最早这个"桧"，是写成火字偏旁的"烩"。消息很快就传到了秦桧那里，他立即派人逮捕这些人，人们为求自保，只好将"油炸烩"改叫为"炸油条"。

清人顾震涛《吴门表隐》中讲："油炸桧，元郡人顾福七创始，然始于宋代，民恨秦桧，以面成其形，滚油炸之，令人咀嚼。"清末《南亭笔记》也记载有济南早晨有童子卖油炸桧之事。油条在北方叫油炸鬼。梁实秋先生曾说："我生长在北平，小时候的早餐几乎永远是一套烧饼油条——不，叫油炸鬼，不叫油条。有人说，油炸鬼是油炸桧之讹，大家痛恨秦桧，所以名之为油炸桧以泄愤，这种说法恐怕是源自南方，因为北方读音鬼与桧不同，为什么叫油鬼，没人知道。"元代的张国宾所写的《罗李郎大闹相国寺》杂剧中有这样的唱词："小哥说：我四五日不曾吃饭，那边卖的油炸骨朵儿们，你买些来我吃。我侯兴买了五贯钱的油炸骨朵儿，小哥一顿吃完，就胀死了。"周作人推测说："按骨鬼音转，今云油炸鬼儿是也。"油炸骨朵儿大约是油炸鬼的前身。清初康熙年间的学者刘廷玑在《在园杂志》卷一记载了一次他由浙东观察副使奉命引见，渡黄河，到了王家营，见草棚下挂"油炸鬼"数枚。他记载了做法："制以盐水合面，扭作两肢如粗绳，长五六寸，于热油中炸成黄色，味颇佳。"这种食物俗名"油炸鬼"，也就是油条。

开封油条酥脆焦香

开封油条制作的时候用，面粉中要加小苏打（或碱）、矾、盐溶液再添水，和成软面团，反复揉搓使匀，饧过之后，擀成片，切成长条，取两条合拢压过，抻长下入油锅内，用长筷子不断翻转。由于受热。面坯中分解出二氧化碳气，产生气泡，油条就膨胀起来。炸成油条，色棕黄并鼓之圆胖，酥脆而香。

市井街头的油条摊儿

民国开封，百味小吃闹东京，开封的油条不断升级创新，有双批油条、四批油条、八批油条、杠油条、小焦杠油条。当时戏台演员随口唱道："卖油条的大嫂真能干，长得漂亮身体健，真香油，细白面，油果子炸的黄灿灿，保证秤头不缺欠，捎包回家敬老年。"

据《开封商业志》记载：正劲小杠油条，民国年间以大南门里白秃（佚名）和徐府坑张家的最著名，新中国成立后以朱少巨制作的有名。1978年被定为

味蕾蕴含乡愁

名产风味小吃。翻劲枉油条，新中国成立后以车站食堂温义高制作的最为著名，1956 年和 1978 年两次被定为名产风味小吃。

对于一个吃货而言，在开封总能遇到心仪的食物，一次在饭店竟然吃到了一道"油条拌黄瓜"的凉菜。黄瓜片配切断的油条段儿放入盘中，调入盐、鸡精、醋、蒜泥、香油拌匀即可，加入荆芥味道更佳。

我曾一度喜欢到东郊吃一家焦油条，店家炸的时间长一些，炸得焦黄酥脆，再配上绿豆糊涂或者豆沫，佐以凉拌咸菜丝，吃起来十分舒爽，香而不腻。

杭州美食中的汴京记忆

看张艺谋导演的 G20 峰会文艺晚会的演出节目，效果相当震撼。"老谋子"毕竟是吃过大盘荆芥的人，他可以把西湖当作舞台，场面宏大，画面极美。看直播的时候我老是想起开封的《大宋东京梦华》的演出，灯光、水面都感觉好熟悉。倒不是说人家参考了开封的演艺，而是说设计者匠心独具，依山傍水，利用地形就地取材打造出一台奢华盛宴，尽显东道主之意。那天的晚宴菜单也是惊爆眼球，如此细心周到，"有朋自远方来，不亦说乎"。欢迎晚宴，用精致的杭帮菜为主打的国宴招待各国领导人。龙井虾仁、西湖醋鱼、东坡肉、桂花藕……那些最具代表性的杭帮菜，忽然就叫我想起了汴京，是的，是开封，南宋迁走之前的北宋都城。当年南下的汴京人所带去的烹饪方法，采用了"南料北烹"的制作方式，既保留了江南鱼米之乡的特色和优势，又满足了南渡臣民北望中原的思乡情结，把中国的古代菜肴发展到了一个新的高峰。杭州虽然不是汴京，但是浙江制作的《南宋》纪录片几乎一半都是在说北宋，BBC 制作的《中华的故事》关于宋朝那一集给了开封近 50 分钟的镜头，令人叹为观止。从这次国宴的菜单中我看到的满满的都是汴京记忆，是啊，客家人迁走多年，依然保留故乡的习俗甚至语言，汴京人南迁之后，数百年不变的依然是故乡的风味。

味蕾蕴含乡愁

西湖醋鱼与糖醋熘鱼

暂且不论西湖醋鱼有几个版本，唯一不变的是它与北宋汴京的密切关系。西湖醋鱼，又叫"叔嫂传珍"，这是一个励志故事，更是一段优美传说。汪国真曾有这样的诗句："凡是遥远的地方／对我们都有诱惑／不是诱惑于美丽／就是诱惑于传说。"西湖醋鱼带给我们的是美味中的传说，文化加美食就成了经典。西湖醋鱼的做法也随着"叔嫂传珍"这个故事传开了，并日趋精美，成为杭州的传统名菜。西湖醋鱼在清末，以西湖楼外楼菜馆所烹制者最负盛名，楼外楼西湖醋鱼以鲜活之西湖鲩鱼为主料，现捕现杀现烹，佐以糖、醋，调以山粉，融合鲜、甜、酸三味。鱼肉既不生又不老，带有蟹肉滋味，铺在鱼上的糖醋汁平滑光亮。

《西湖览胜》一书说"西湖醋鱼"原叫"醋熘鱼"，早在南宋就已脍炙人口。"亏君有此调和手，识得当年宋嫂无？"这是以烹调西湖醋鱼闻名的杭州"楼外楼"菜馆的壁上题诗。"宋嫂"即宋五嫂，是烹制醋熘鱼的能手，《梦粱录》《武林旧事》中都提到过她。

这宋五嫂原来住在汴京，北宋末年，在汴京城里开个小酒店，做醋熘鱼和鱼羹出了名。金兵占领开封之后，就迁到了杭州，宋五嫂随之迁到杭州钱塘门外继续开酒店，烹出的醋熘鱼、鱼羹不减当年。一次，南宋皇帝高宗吃了宋五嫂做的一道醋熘鱼和一碗鱼羹，觉得味道确实鲜美异常，遂派御膳房厨师向宋五嫂学艺。但宋五嫂的绝技不传外人。此后，宋五嫂的名声更大。此事在《梦粱录》《都城纪胜》等文献中都要记载。只是当年的宋五嫂在汴京用的是黄河鲤鱼，到了杭州就地取材，选用鲩鱼。

"糖醋软熘鲤鱼焙面"是豫菜名菜，由糖醋软熘鲤鱼和焙面两部分组成。糖醋鱼在北宋时期就已成名。焙面又称龙须面。据《如梦录》载，明清年间，开封人谓每年农历二月初二为"龙抬头"之日，民间以龙须面（细面条）作为礼品相互馈赠。龙须面原为煮制，光绪二十七年（1901年），光绪与慈禧等人至开封，适逢慈禧生日，开封巡抚衙门为了祝寿，将龙须面与熘鱼搭配，改为焙制，始称焙面。1935年前后，面条改炸制，仍叫焙面。制作的时候将鲤鱼宰杀洗净，剪去划翅和背鳍，用坡刀将鱼的两面剖成瓦楞纹。将鸡蛋打散放入碗内，加盐少许及干淀粉拌匀，在鱼身上抹匀。面粉加水和匀，揉透，拉成细面，经油锅炸黄，盛起装盘。炒锅烧热，下油，烧至六成热，将鱼入锅炸，至金黄色时取出，放在炸好的面上。锅内留油少许，下葱花、糖、醋、酒、鲜汤，烧沸后，下湿淀粉勾芡，淋上麻油少许，出锅浇在鱼和焙面上即成。成菜色泽柿红，外酥里嫩，酸甜适口，焙面酥脆。西湖醋鱼和开封的糖醋熘鱼是一脉相承的。

杭州叫花童鸡与汴京叫花鸡

叫花童鸡，浙江杭州名菜，也称"杭州煨鸡"。传说很久以前，有一个叫花子在饥寒交迫中昏倒野外，其同伴生起火堆使他苏醒，又弄来一只鸡烤给他吃。但没有用具怎么烧制呢？同伴急中生智，用烂泥把鸡包起来，放入火堆中烧烤，烧了好久，把泥敲开，不仅鸡毛脱净，而且异常好吃，从此传开。后来，杭州的菜馆吸收了这一经验并加以改进，采用萧山地方良种鸡（越鸡）和绍酒等辅料，将整只嫩鸡腹内填满猪腿肉、川冬菜与葱姜、八角等调料和香料，再用荷叶、箬壳等分层包好鸡身，然后用绍酒搅拌用泥裹好，放入文火中烧烤三四小时即成。香味扑鼻，肉酥烂离骨，食不嵌齿，风味独特。

另一个版本是说，1624年某一日，江南名妓柳如是从淞江专程拜访名士钱谦益。钱设宴款待，席中有"泥烤鸡"一菜，酥烂脱骨，香气四溢。钱满面春风地问柳："虞山风味如何？"柳用象牙筷指着鸡说："终身宁食虞山鸡，不吃一日淞江鱼。"并当场命名为"叫花鸡"。

开封关于叫花鸡的传说年代更早一些：相传北宋初年，一名落第秀才到汴京寻亲，屡寻不着，盘缠已尽，流落街头，饥寒交迫，无奈中偷鸡一只到郊外用黄泥裹之，枯树烤制，不意其味鲜美。后秀才经人指点，终于找到亲戚，投其门下做官，仕途畅通。每得意之时，总不忘当年烤鸡，逢年过节便

味蕾蕴含乡愁

宴请宾朋，亲手烤制，以志不忘落魄之时。食者无不称美，回去后竞相仿效，一时名噪汴京。开封叫花鸡成菜则皮色光亮金黄，异香扑鼻，鸡肉酥烂，味透而嫩，原汁原味，味道极鲜美，深受人们青睐。在饭店、酒楼，又经历代厨师地不断改进，使这道菜更加完美，成为一道名菜，不但名噪汴京，还蜚声海内外，传到各地。

一脉相承的小笼包子

其实杭州小笼包子拷贝的是古代开封的工艺，这话可是纪录片《舌尖上的中国》第二季中介绍的。早在五代后周，汴京城间阓门外的张手美家做的包子是文献记载的最早的包子。张手美家在伏日制售的有一种叫"绿荷包子"名冠汴京。到了北宋包子更是种类繁多，孟元老一句"诸色包子"就概括了包子品种之多。1015 年，宋仁宗诞辰那天，真宗赵恒十分高兴，群臣称贺，真宗命御厨造"包子以赐臣下"。蔡京府内包包子的厨娘竟然有严格的分工，流水线般各负责一段，有择菜的，有和面的，有调馅儿的，有擀皮儿的，分工精细。

杭州和汴京，两座城市南北相望，一如两宋南北牵挂一样，小笼包子不论古代或者当代，都是这两座城市的著名小吃。包子哪里都有，但能够吃出历史、吃出乡愁的还是汴京吧。最忆是杭州，杭州人最忆的是汴京。曾经，用几百年一直去消解故国北望的乡愁，把思念融入食物，把记忆埋进味蕾，一生又一世，一世又一生，所以，不但在开封寻找北宋，还要到杭州寻味开封。

民国春节吃货那些事儿

春节是一年中最隆重的盛宴，男女老少换新衣不说，过年这几天家家户户都是备好丰盛的美味佳肴，盛情款待亲戚朋友，再苦再穷也不能在过年的时候没啥吃的。民国时期，开封作为省会城市，还是比较热闹的。国共合作后的1938年年初，身为国民政府参议员的梁漱溟只身前往延安，与毛泽东就当前局势进行了两次长谈。归途中，坐火车到开封时恰值除夕之夜，他一个人住进河南的旅馆，过了一个寡淡的春节。大敌当前，开封人已经无心过节了，炮声隆隆，日军铁蹄踏破华北的宁静，中原重镇开封已经闻见了硝烟的味道。那一年梁先生在开封没有过好年。不过，开封依然是开封，千年的风俗传统虽然在演变，但是核心内容还是要传承下来的。

开封饮食博物馆中的厨房陈设

味蕾蕴含乡愁

备好食材迎佳节

开封有句俗语："腊八祭灶，年下来到，闺女要花，小子儿要炮，老婆儿要衣裳，老头儿打饥荒。"还有版本后面两句为："老婆儿扯条新裹脚，老头儿买顶新毡帽。"从腊月初八就开始有年的气息了，那一天家家熬制粥饭。开封还流传着一首最能体现春节前开封年俗的民谣，这就是："二十三，祭灶官；二十四，扫房子；二十五，打豆腐；二十六，去割肉；二十七，杀只鸡；二十八，杀只鸭；二十九，去打酒；年三十儿，贴门旗儿。"这就是说在过年之前，人们还要做这么多事情，不但要祭神，还要准备鸡鸭鱼肉等年货。腊月二十六还是蒸馒头的好日子：蒸馍这天忌互相走访串门，说是一怕带来"生气"，馒头就蒸不熟了；二怕带跑了"福气"，一年诸事不遂。年节蒸的馍，一般能吃到正月十五左右，有的能吃到二月二，以显示富足。贫苦人家蒸的馍也要吃到正月初五，但不能吃完，留下几个待正月十五和二月二吃。除馒头外，还要蒸些菜包、豆沙包、"枣花"、大枣山、面人物、面动物等这些大小不等的花馍，面龙、面虎、面兔、面刺猬、面鼠、面鱼以及面寿星、八仙戏剧人物等，多达数十种，个个栩栩如生，逗人喜爱。这些象形食品，早在北宋时期就十分流行，《东京梦华录》中多有记载。

蒸制"枣花"是中原民间长久流传的习俗，豫东一带至今仍流传有蒸枣花的习俗，杞县至今有"二十八，蒸'枣花'"之说法。出嫁的姑娘，每年都要给娘家送去"枣花"。所谓"枣花"就是一种面食，小时候笔者见母亲做过多次。一般做法是将发酵的麦面擀成圆片，切成两个半圆，用筷子把相对的两个半圆从中间一夹，就成为一朵四瓣面花，每个瓣上插上红枣，一个精致的枣花馍儿就出来了。多个枣花馍儿铺在一张圆形面饼上摆成图案，上锅蒸熟之后就是"枣花"了。小的直径一尺左右，大的有二尺多的。

开封更有一种风俗，新婚之家，要蒸斤把重的大馍两个，内包整枣数枚。在正月初二，闺女和女婿前往拜年，此为主要礼品之一，说是专为岳父岳母备的，请岳父岳母吃大馍。

腊月二十三晚，是祭灶日，家家户户都买来了成块的祭灶糖，民国的时候把祭灶糖放到盘子中，供在神像前，也有用糖涂于"灶君"画像之口者，是想在这天晚上灶君升天去给玉皇大帝做一年来的述职报告时尽量不要提及这家人的坏事，专拣好事说。用甜蜜的灶糖封住灶君的嘴巴，贿赂了天官，吃人嘴软，灶君就不说人坏事了。更多的时候，祭拜的灶糖是尘世的百姓用来点缀生活的美好，最后被大快朵颐了。

从祭灶次日起，妇女们在家忙打扫洗涮和蒸馍的同时，男主人则忙于上街市采购各种年货。民国早期，开封徐府坑街、鱼市口街、东西大街、南关菜市街、宋门关街和曹门大街都是年货中心大市场。每日约五更时分，城区许多背街小巷杀猪之声不绝于耳，天色平明，市场难以胜数的肉架子上即挂满整扇的猪肉，供人选购。各类干鲜、荤素以及水产品、年画、鞭炮、各种神像和香烛纸马、花布、簪花、首饰、儿童玩具等，凡过年物品，应有尽有。还有各地名特产品，如荥阳的柿饼、宝丰的苹果、新郑大枣、黄河鲤鱼、淮阳的黄花菜、山西核桃、江南水果以及海带、海蜇、海参、鱿鱼、木耳、各色好酒、调味品及各种佐料等，尽可随意选购，迎接一年最丰盛的吃喝季节。

春节美食吃不完

大年初一，就是吃饺子。北方过年多数地区吃猪肉大葱水饺。水饺又叫扁食。清代有史料记录："每年初一，无论贫富贵贱，皆以白面做饺食之，谓之煮饽饽，举国皆然，无不同也。富贵之家，暗以金银小锞藏之饽饽中，以卜顺利，家人食得者，则终岁大吉。"说出了初一食水饺的普遍和有关习俗。饺子中也有包铜钱者，谁吃到谁有福气。更有包入煤块儿者，谁吃到谁自感"霉气"。正月初二，主要是闺女走娘家的日子，闺女、女婿相伴而行，有小孩的定要带上。俗语云："请闺女，带女婿，小外孙也跟去。"其乐融融，皆大欢喜。新中国成立前，开封五关及四郊农村，初二这天闺女走娘家所乘的快骡轿车装饰一新，四面八方交相奔驰，另有一派气势和威风。

正月初三，继续吃饺子，名为"捏鬼眼"。初五也要吃饺子，名为"捏破"，就是把一年的霉运都捏破。初七要吃面条，相传，吃面条等于吃了长虫，可以避免蛇咬之患。初十要吃烙饼，名曰"石烙"，谐音"实落"，希望得到实惠。民国年间，放灯之习俗亦然，从正月十四开始，家家都要用米面蒸做约2寸高之"灯盏"，上部凹陷，用来盛香油，用红线绳作灯芯。从正月十四开始至正月十六夜止（也有延至正月十八的），在各神像之前，每个门窗、水缸、粮囤、捶布石之旁均燃灯一对。收灯后一般自己不吃，必须施与乞丐，名曰"拾神果"。正月十五必吃汤圆，正月十六吃饺子。开封老婆言："十五元宵十六扁，又不呼歇又不喘。"

春节百姓家包好的饺子

对于贫穷百姓而言，春节是个关口，民国时的开封，春节没吃没喝的有，无家可归的也有。英国一位历史学家1932年写道："在中国许多地区，乡村人民的处境就像一个人永远站在齐颈深的水里，一个小浪就足以把他淹死。"开封沦陷期间，日本侵略者不准开封百姓吃大米、白面，只能吃高粱米、杂面等。

有钱没钱，照样过年，回望民国时开封的春节，再对比现在的生活，感觉天天都是在过年。

穿越中山市场　寻觅百味小吃

　　近代开封的繁华离不开大相国寺这一佛门圣地，宋代的大相国寺每年举办 5 次"万姓交易"的庙会，那个时候，各种小吃飘香寺院，叫人无限回味。到了清代，大相国寺钟楼鼓楼两旁，有许多摊贩叫卖小吃食，如胡辣汤、小米粥、大米饭、煎包子、调煎凉粉及夏日瓜果、梅汤，等等。又有粽糕、浆粥，午后则有茶。据说在道光以前曾有一种阳糕，味美著名。八角殿西胡同口旁，有秦家小馆，出卖大米饭及扣碗鸡鱼肉等。每年腊月八日，由寺制成一种腊八粥，醇香味厚。鱼池沿路南背对鱼池有得月楼饭馆，以炒虾仁肉片、腰花子及清汤混饨、灌汤包子等著名。到了民国，大相国寺被改为中山市场，冯玉祥"以破除迷信命令，昭示寺僧，勒令他迁，同时恐寺僧抗不交代，复派军警多人大施包围，当付每僧大洋十元，即日遣散……"（《改建中山市场时之概况》）房产前属中山市场，除市场内部外，其余均由政府标卖。中山市场于 1927 年 11 月开始筹备，1928 年 3 月正式成立。中山市场以商店、娱乐场及公共游览处所等部分所组成。"关于商店，有布匹、国货、织染、铜锡铁器、油酒酱酪、古玩画籍、医药、绘书、杂货、烟店、茶社、饭馆及其他一切商贩。"（《开封新建设一览》）。中山市场的饮食业都有哪些小吃？笔者通过查找民国文献还原当年相国寺内的饮食业布局。

味蕾蕴含乡愁

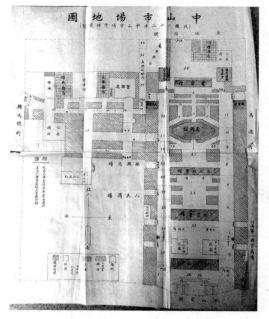

民国马灵泉编的《相国寺》一书中的"中山市场布局图"

中山市场饮食业概况

饮食业是新中国成立后的名称，在新中国成立前由较大的饭庄、饭馆组成的行业称为馆业，一般的饭馆规模较小、经营品种不多则称为饭铺。中山市场内的饮食业按照马灵泉《相国寺》一书的记载，可以分为饭庄、饭铺、零星食品、茶馆茶摊等。

先说饭庄，饭庄的规模较大，所占房屋都在10间左右，室内陈设及桌凳器皿都很清洁。不要小看中山市场的饭庄，其厨艺水平和社会上知名的饭庄相当。其中，以"锅贴豆腐""烧豆腐""兰花豆腐""干丝汤"等素菜最为闻名。所谓"干丝汤"就是用豆腐干切成细丝，放入鸡汤即成。此汤做得最好的是市场内的福地春饭庄。市场内还有卖天津包子的，不放酱油，面皮柔薄，味道鲜美，多家饭庄都会做。中山市场内除了福地春之外，著名的饭庄还有一分利、十锦斋、快来买、天乐楼等。

饭铺规模较小，设备简单，但器具依然洁净美观。硬件设施比饭庄差，但是味道丝毫不逊色。所售食品主要是以面食为主，肉菜很少，主要是以包子、大米饭、面条、油饼、馒头、油馍、小米稀饭、烫面角、绿豆丸子等，物美价廉，每人每餐花费5分钱就可以。市场内饭铺经营最大最好最久的是"秦家大米饭"，主要卖大米饭、扣碗、各种肉菜。每碗蜜丸铜元15枚，扣碗每碗5分。《大相国寺竹枝词三十首》，其中一首就是说的"秦家大米饭"："秦家米饭真便宜，价比官方平粜低。终日熙熙客座满，都夸米好白香肥。"

零星食品主要是经营的门面小，仅容五六人，卖的不过是单一食品，如茶汤、藕粉、桂花馒头、莲子稀饭、熟梨、熟枣、江米糕、糖炒栗子等。这些零星食品中以莲子稀饭和糖炒栗子最为著名。莲子稀饭由江米煮制而成，内含山药、百合、莲子以及白糖，吃的时候放入桂圆肉、葡萄干、青梅、山楂糕等物品，名曰"八宝莲子稀饭"，每碗铜元30枚。糖炒栗子，按照程民生教授的说法，糖炒栗子源于北宋东京。北宋东京以炒栗子名闻四方的李和及其家人，作为能工巧匠被金人掳往燕京后，将其技术传之当地，并一直延续下去。中山市场的糖炒栗子与今天我们街头见到的做法大同小异，沿袭北宋工艺，只是改为机械化而已，味道还是甜香四溢。

饮食市场小吃多

如果按照中山市场的布局，依据1983年9月王传清、尹凤鸣、管守信在开封市饮食公司座谈会上的录音资料，我们从大门外路东开始穿越，由南向北沿途可以依次看到何思良的小米稀饭，杜文明的杠子油条，管守仁的饺子、面条、馍，张自昆的油饼，王义选的油饼、饺子、面条。大门外路西由南至北是马跃海的馍、汤、炒菜和一家杠油条铺子。大门里路东是马老仁的油饼、面条、炒菜，翟国有的枣糕、糖糕。高华德的发面包子、油饼、炒菜，两间门面，响堂报菜，较有名气。马思广的油饼，秦家馆的炒菜、大米饭。醉翁亭在商场门路北，经营者姓孙，有楼房两间，为一家粗细饭馆。中秦与老秦家馆是一家，在二殿山墙对过，经营炒菜、大米饭，有四五间门面。十锦斋由费金声开设，经营天津包子、炒菜，经营对象主要是学生。路东最北头是赵心平的小米稀饭，小鏊油饼半斤一张，论张经营。东角门处路北是福地春。老秦家馆在八角殿往西院去的路上，路南路北均是其店址，1920 年以前已经开设，经营大米饭、小扣碗、丸子、条子肉、豆腐等，均用砂锅炖好，任顾客选购，多少均可，亦有炒黄豆芽，经营方式灵活。一分利是小馆子，由赵雅斋开设，经营炒菜。三义和由郭西珍开设，经营发面包子、馄饨、炒菜等。马思广的小馆子有几间门面，经营炒菜。尹凤鸣的羊肉煎包，地址在牌坊西南边，一间棚屋。

相国寺西院，由老秦家馆西去路南依次是十景斋，张清林经营的牛肉辣汤，张西贤经营的馄饨、烫面角，另有一家羊肉胡辣汤，还有贾文中的羊双肠，杞县人周××经营的素包子，刘新明的馄饨、烫面角，两间门面。郑思贤的胡辣汤、绿豆糊涂、油条等，雷家的饺子、油饼、面条，石金山的饺子、包子，秦老二的素饺子。

西院西边南北街路西（由南至北）是冉广新（一作冉广金）摆摊卖的肉盒；郑思产的酸辣鱼汤，小鱼炸焦，面粉炒熟，制成油茶汤，焦鱼撒入汤面，一边开锅一边售，兑入胡椒粉、香醋即成；张××的饸饹捞面；阮好善的面条饭铺。

进入东西街，向西路南（由东至西）为王振锋的荤素包子；牛老二的油炸包子，又称剩包，一斤面大约蒸制 4 个，为发面羊肉馅儿（配一半素菜），平底锅煎制……王传清在西院中间卖葱花大油饼、包子、面条。中山市场其他的美食小吃，在此不再一一赘述。

相国寺内小吃很多，根据 1935 年《相国寺》一书中的《各种工商业总表》统计：当时有饭铺 55 家，饭庄 9 家，馍铺 1 家，稀饭锅 1 家，油馍稀饭 2 家。包子 5 家，煎包子 1 家，面条 1 家，烧饼油馍 1 家，水饺面条 1 家，牛肉汤 3 家，油茶 1 家，茶汤 2 家，茶馆 16 家，茶摊 4 家，酒馆 3 家，凉粉 7 家等。

开封面条　美味爽口

在我私人的记忆中，面条就像乡村的麻雀一样平常，无论冬夏皆可遭遇。父亲爱吃面条，一天三顿面条都吃不烦。小时候我不明白父亲为什么如此奢好面条，多年之后，双林弟弟在微信中给我私信讲起了他小时候的一件事，他说："以前我最讨厌吃的饭就是面条，哪怕是一天三顿馒头都可以，自从出去打工后自己也喜欢吃面条了，因为面条吃起来省钱，既能吃饱，还有汤和菜。记得小时候大伯给我说了一句话，直到现在记忆犹新，说双林小儿啊，自己好好干好好干，只要是自己挣的，别人吃肉，咱吃面条，打嗝喽一样闻，最起码咱心里踏实。"弟弟一语道破了天机。这面条就是父亲大半生来最忠实的食物。小时候，我和妹妹都喜欢吃他擀的大宽面条，吃起来筋道，像烩面一样爽口。"可以粗到像是小指头，筷子夹起来扑棱扑棱的像是鲤鱼打挺。"（梁实秋语）制作时的诀窍，就是和面的时候打两个鸡蛋，这面就筋，口感就好。平平淡才是真，最平常的食材才是最本真的生活，就像萝卜白菜一样，百姓最喜欢吃也最吃不厌烦的还是这些东西。一条擀面杖，一块案板，一瓢面粉就解了一日三餐，可以配肉，可以配菜，甚至一段生葱切成葱花，用盐和小磨油简单腌制之后就可以下锅。经典的葱花面，经常出现在大饭店的餐桌上，平常才是经典。

面条的起源

我国的面条起源于汉代。那时面食统称为"饼"，因面条要在"汤"中煮熟，所以又叫"汤饼"。高承《事物纪原》卷九《汤饼》云："魏晋之代，世尚食汤饼，今索饼是也。"汤饼据今人考证实际上是一种面片汤，将和好的面团托在手里撕成面片，下锅煮成。在汤饼的基础上发展成的"索饼"。"索饼"是中国历史上最早的水煮面条。东汉时期的"索饼"是用手搓揉延引成的长而细的面线形态，是边制作边投入沸汤中煮熟的。

早期的面条有片状的、条状的。片状的是将面团托在手上，拉扯成面片下锅而成。到了魏晋南北朝，面条的种类增多。这个时期，擀面杖的出现，是面条的一次革命，再不用以手托面团拉扯了，故就有了"不托""馎饦"。《齐民要术》记有"水引饼"的制法，是一种长一尺、"薄如韭叶"的水煮面食，类似阔面条。在唐代，面条的称谓多了起来，又有以"冷淘""温淘"称之。其中"冷淘"指凉面，"温淘"指过水面。这种叫作"冷淘"的过水凉面，风味独特，诗圣杜甫十分欣赏，称其"经齿冷于雪"。

宋元时期，"挂面"出现了，如南宋临安市上就有"猪羊菴生面"以及多种素面出售。面条在宋代得到了充分的发展，成为饭粥之外最重要的主食。

宋代面条品种丰富多彩

到宋代，面条正式称作面条，而且品种更为丰富，出现了"索面"和"湿面"，同时面条开始有了地方风味之别。当时北宋东京城内，北食店有"菴生软羊面""寄炉面饭"之类，南食店有"桐皮熟烩面"，川饭店有"大燠面"，寺院则有"菜面"；南宋临安城内，有北味、南味之分，如北味"三鲜面"，南味"鹅面"，山东风味的"百合面"。市场上出现的面条还有炒面、煎面及多种浇头面等。这时制面条的技术已比较高，质量也非常好。《清异录》中列举的"建康七妙"，其中有一妙是"湿面可穿结带"，是讲调配揉制的面团做成的面条，下锅煮后韧性更大，就是打起结或像带子那样挂起来，也不会断，可见一斑。

宋代面条形式多样。笔者查阅《东京梦华录》《武林旧事》《梦粱录》《山家清供》等书发现关于面条的记载就有近百种左右，如：罨生软羊面、桐皮面、插肉面、大熝面、菜面、百合面、铺羊面、罨生面、盐煎面、笋淘面、素骨头面、大片铺羊面、炒鳝面、卷鱼面、笋泼面、笋辣面、笋菜淘面、七宝棋子、百花棋子、姜泼刀、带汁煎、三鲜棋子、虾燥棋子、虾鱼棋子、丝鸡棋子、扑刀鸡鹅面、家常三刀面、菜面、血脏面、鱼面、丝鸡面、三鲜面、笋泼肉面、炒鸡面、大熬面、子料浇虾燥面、耍鱼面、肉淘面、银丝冷淘、抹肉面，等等。（参阅《中国饮食史》）

蝴蝶面，源于宋代的一种汤饼。宋人笔记《东京梦华录》和《都城纪胜》以及《梦粱录》中，均有对蝴蝶面的记载。明代蒋一葵《长安客话饼》云："水瀹（yuè，意思为煮）而食者皆为汤饼，今蝴蝶面、水滑面、托掌面、托掌面、切面、挂面……秃口麻食之类是也。"清代饮食专著《调鼎集》还记载有蝴蝶面的制食法："盐水和面擀薄，撕如钱大小，鸡汤肉臊。"随着时代和烹饪技术的发展，如今蝴蝶面在传统制食法的基础上有很大改进，既可煮又可炒，食法多样。

梅花汤饼，用白梅花、檀香末浸水和成薄面皮，以模具凿成梅花片儿，煮熟加鸡清汤而成。汤鲜"花"香，味道极美。梅花汤饼据传是宋代一位德行高尚的隐士所创造，后传于世。宋代林洪《山家清供》上有记载，梅花汤饼的制作方法是先用白梅花和檀香末浸泡的水和面，揉或擀成馄饨皮大小，然后放在印有梅花图案的铁模子里，将面皮凿成一朵朵"梅花"。再把"梅花汤饼"入沸水煮熟后放入鸡清汤中供客人食用。每客只需二百余花。这种梅花汤饼面条构思新颖，清新别致，制作精巧，色、香、味、形有机结合，有山林幽静，回归自然和吃法美妙的特点。这种梅花形面片汤，由于片薄、汤鲜，可谓形美、味美。鲜美的清汤里漂浮着一朵朵洁白清香的小梅花，可以想见此汤饼的色香味都是清绝的。

开封五香拉面

元代，可以久贮的"挂面"问世。明朝初，"抻面"开始出现了。抻面是用手拉成面条儿，故又称"扯面"。明代宋诩《宋氏养生部》第一次记录了"抻面"的制作方法："用少盐入水和面，一斤为率。既匀，沃香油少许。夏月以油单纸微覆一时，冬月则覆一宿，余分切如巨擘。渐以两手扯长，缠绕于直指、将指、无名指之间，为细条。先作沸汤，随扯随煮，视其熟而先浮者先取之。齑汤同前制。"这种做法与现在烩面、拉面大同小异。

开封拉面"口吹飘飞"

我曾听开封王馍头老字号的掌柜王安长先生讲过当年开封沦陷期间，王馍头拉面在相国寺生意极好，竟然连日本宪兵都十分喜欢吃他家的拉面。老掌柜"王馍头"的徒弟何梦祥是个拉面高手。

著名的大刀面

何梦祥是杞县人，他1933年来到开封，先在"尉庆楼"学徒，后到"王馍头"拉面馆。他体格魁梧，强壮有力，为人憨厚。学徒时因被师傅看中，遂以拉面技艺为终生职业。由于他制作的拉面具有光滑筋香的风味特色，被食客誉为"馍头家拉面"而传颂于世。原来拉面在开封只有三四个品种，何梦祥对此并不满足，他先从四季用水和配料人手进行探索。经过多年的试验，创制了窄薄条、宽薄条、一窝丝、空心面、夹心面等品种。1958年，他参加河南省技术大比武的时候，用3两水面拉出了13公里的长度（《开封饮食志》下册），令观者惊叹，人称"细如发丝""口吹飘飞"，一举夺得拉面第一名的桂冠。1959年，他出席全国财贸系统"群英会"，表演拉面技艺。

白菜，厨房中的大众情人

刚大学毕业参加工作那阵，好不容易不再吃学校食堂的大锅菜了，自己买了一套灶具，装模作样地自己采购自己掌勺，到市场看见啥想吃就买啥，好像这就是小康生活一样。我买过长蛇一样的长豆角，不好吃。我还买过竹笋，做不好，还是不好吃。曾经我以为已经跳出了"农门"，如今已经混出个人样儿了，不该再吃从小到大就吃的大白菜了，平常的大白菜便宜我也不买，尽挑稀罕的买。有一回买韭黄，回家吃得胃酸。经过一段时间的自我折磨，我忽然发现，吃来吃去，还是萝卜白菜养人，无论物价多么的上扬，白菜依旧低调朴素，静待客来。

"百菜不如白菜"

就像白开水是最好的饮料一样，白菜是最好的蔬菜。白菜是我国主要食用蔬菜之一，味道清鲜可口，荤素咸宜，既可单独成味，又可配制各种名菜佳肴。即使取出几片白菜叶子切成细丝凉拌一下也是十分爽口的下酒小菜。白菜古代就已经有之，只不过名字不叫白菜罢了。"菘"这个词初见于东汉张机的《伤寒论》，其实就是汉代的白菜。古代的白菜叶子小且不包心，其质量远不能与现代白菜相比。我们已经无法品尝或者见到汉代的白菜了，而且历经这么多年，白菜无论品质还是形状甚至味道都发生了巨大的变化。据文献记载汉代的菘和蔓菁相类似。经过南北朝之后，菘开始有了变化。大约在唐宋时期，经过人工培育，菘在与来自北方的芜菁自然杂交后，植株由小变大，并发展出散叶、半结球、花心和结球四个变种。笔者在李时珍的《本草纲目》中看到关于菘的记载："菘性凌冬晚凋，四时常见，有松之操，故曰菘。今俗谓之白菜，其色青白也。"其实白菜之名在宋代已经出现。苏颂在《图经本草》中说："菘南北皆有之，与蔓菁相类。梗长叶不光者为芜菁，梗短叶阔厚而肥腴者为菘。旧说北土无菘，今京（指宋都城东京）洛种菘都类南种。但肥厚差不及尔。""扬州有一种菘，叶圆而大，啖之无渣，绝胜他土者，此所谓白菜"。可见到了宋代，优良的白菜品种已培育成功。实心白菜结实，肥大，高产耐寒且滋味鲜美，故诗人苏轼用"白菜类羔豚、冒土出熊蹯"，比喻白菜像羊羔和小猪肉一样好吃，是土里长出来的熊掌。生长在宋都开封一带的结球白菜随宋廷南迁，又回到了江南，在南宋行都临安称为"黄芽菜"，又称黄芽白。同时，结球白菜在金朝和元朝统治时期，于今北京及周边地区得到迅速发展，并在明清时期成为北方一些地方的当家菜。元末明初《辍耕录》记载，当时的白菜"大者至十五斤"。从而可以想象，那时的白菜和现代的已无啥差别了。明代更把河南的黄芽白菜誉为菜中之"神品"。清代光绪元年（1875 年）河南白菜在日本东京展出，并于当年在日本爱知县试种，从此，白菜传入日本各地。

民国期间，河南各县普遍种白菜，据《河南通志稿》记载："许昌城东北种菘异常发达，以地临铁路，运往汉口者为多。上蔡，正阳、汝阳，西平黑白菜均盛，项城白菜城西种者尤佳……又通许有黄芽菜种亦美。"民国十八年（1929 年）河南建设厅统计：全省共种白菜 198470 亩，年产 8331770 担。其中以杞县西南高阳所产之白菜最为有名，年产约 400 万斤，杞县高阳白菜的特点是炖出来的菜混汤。我小时候在高阳公社的大院后面的楼上看到一张有周恩来总理签名的奖状，原来是 1959 年 11 月，高阳大白菜参加全国群英会，高阳一棵重达 17 公斤的大白菜获国务院奖状。

高阳大白菜，棵大、结实，无丝无渣。当地流传着"高阳白菜踩不陷，踏不倒，大人可以上去跑"的说法。高阳土地肥沃，气候适宜，有利于白菜生长，种植白菜迄今已有千年以上的历史。高阳白菜，植株健壮，肉厚茎腴，洁白如玉，含有丰富的蛋白质、脂肪，钙、磷、铁等多种营养物质。

赵匡胤和京冬菜

京冬菜扒羊肉源于北宋初年，是一道雅俗共赏的名菜。说起"京冬菜"还有一段饶有风趣的传说。

据传，宋太祖赵匡胤当初孤身闯荡江湖，在一座寺院内搭救了一被草寇欲占为妻的赵京娘，京娘为感谢救命之恩，欲以身相许。一日行至陈州门外，天色已晚，人困马乏，因身剩银两不多，便住进一家小店，求店婆婆随意做些吃的充饥。时值冬季，因无时令鲜菜，婆婆无奈就把数日前在城内开酱园作坊的兄弟家里不慎掉进酱缸内的两棵大白菜取来，把菜叶切丝，配以肥嫩羊肉和鲜豌豆子各做一盘菜下饭。赵匡胤和京娘食之很香。京娘娇问赵匡胤盘中黑色菜丝叫什么菜，匡胤趣答，在汴京城东与京娘共餐，就取名"京东菜"吧（后称"京冬菜"）。

画家齐白石有一幅写意大白菜图，题道："牡丹为花之王，荔枝为果之王，独不论白菜为蔬之王，何也？"其实，若论起产量与营养，白菜是当之无愧的蔬之王。

《本草纲目拾遗》说白菜"甘温无毒，利肠胃，除胸烦，解酒渴，利大小便，和中止嗽，冬汁尤佳"。白菜根煎服治伤风感冒，用白菜根、葱白、白萝卜加生姜煎制的所谓"三白汤"不但治感冒，还治气管炎。白菜可以清炖，可以凉拌，或荤或素皆可入味。

我的记忆中有冬季储存大白菜的画面，城市好像也储藏，乡村则需要窖藏白菜，用玉米秸秆盖住再撒上土，基本上就可以过冬了。低温确保白菜不烂，想吃的时候揭掉干叶之后就可以制作佳肴了。一个冬天几乎天天都会与白菜有关，熬菜，酸辣白菜、放入腊八蒜罐子中的白菜切成小块直接下酒。白菜养人，白菜是百菜之王，是厨房中的大众情人。

酱香开封 风味汴梁

《舌尖上的中国》纪录片曾经提及"酱的味道",说绍兴人离不开酱油,什么都可以酱一酱再吃。"足够的盐度可以让食物在湿潮的环境里久放不坏。在酱油里翻滚过的任何食物都被赋予了浓重的酱香味,它们被本地人称作'家乡菜'。"酱"在人类的发酵史上独树一帜,数千年间,它成就了中国人餐桌上味道的基础"。在中国的北方,特别是开封,酱的意味更加直接。开封的酱肉业成熟于东汉时期,为姚期所创,所以酱肉业又称为"姚肉",比如历史名店长春轩,百年来就一直沿用"长春轩姚肉铺"的名称。

十分繁盛的北宋东京酱肉业

在开封寻找美食,常常就会不经意上溯到北宋,作为宋代旧都,开封遗留下来很多风味小吃。单说酱肉熟食,早在一千年前,当时的东京城就有近百家卖酱肉的店铺。那个时代,作为京城的老开封,大街小巷都有卖熟肉的摊贩。孟元老的《东京梦华录》里面有多处记载,如矾楼、清风楼、遇仙正店、高阳正店等大型酒楼都有味道醇厚的酱肉出售,"在京正店七十二户。此外不能遍数,其余皆谓之脚店。"《清明上河图》中就画了一家"十千脚店",其规模虽不能与正店相比,但是门前依旧有彩楼欢门,四边平房,中间有二层小楼,临街的屋里都是酒客满座。这些"脚店"为中小型酒楼,"卖贵细下酒，迎接中贵饮食"，有"张家酒店""宋厨""李家""铁屑楼酒店""黄胖家""白厨""张秀酒店""李庆家"等，街市酒店，彩楼相对，绣旗相招，掩翳天日。"肉铺里陈列着生肉和熟肉，消费者可根据自己需要，"生熟肉从便索唤，阔切片批，细抹顿刀之类。至晚即有燠爆熟食上市"。东京的熟肉也相当发达，连大相国寺的惠明和尚也深受影响开始经销熟肉了。他烤的猪肉十分好，深受吃货们欢迎。话说杨大年与惠明和尚有来往，杨大年常带着一彪人马去烧猪院蹭吃蹭喝。俗话说拿手手软，吃人嘴短，这杨大年感觉不好意思，于是调侃道："惠明，你是个和尚，远近都管这叫烧猪院，你觉得好听吗？"惠明说："那该怎么办？"杨说："改下名字。"惠明欣然同意："行啊！杨大才子，你给取个名字吧！"杨说："不若呼烤猪院也。""都人亦自改乎。"（参见《画墁录》）。

走街串巷的流动经营对消费者来说更为便捷，所以销售量也十分可观，"其杀猪羊作坊，每人担猪羊及车子上市，动即百数"。每日如宅舍宫院前，还有就门卖羊肉、头肚、腰子、白肠、鹑、兔、鱼、虾，甚至鸡鸭、蛤蜊、螃蟹，等等，几乎所有肉类包括内脏，都可在自家门口买到。

民国时期马汝忠酱肉风靡开封

民国时期，开封的熟肉加工销售通称酱肉业，1933年全市30余家商号成立了酱肉业同业公会，会址设于灶爷庙。"陆稿荐"是开封一家历史名店，清朝光绪年间，浙江一陈姓酱肉师傅来开封，在山货店街开办了"陆稿荐"酱肉店，以经营传统产品酱汁肉享誉开封。1925年，店主返回江南故里，店铺由该店技师马汝忠接手经营。马汝忠是河南封丘人，长于制作、善于经营，既保持了"陆稿荐"产品的传统风味，又苦心孤诣花样翻新。他增加了肘花、香肠等，由于色香味形俱佳，深受群众喜爱。后来，马汝忠买卖越做越大，小小的门面已经容不下八方来客，于是又在北书店街南口路东设一分店。

马汝忠做的香肠和肘花色泽嫣红，色香味俱全，让人看见了口舌生津，闻到了停住脚步。肉肥而不觉腻，肉瘦而不觉柴，香醇味正，入口就化，食之爽口，咽后留有余香。卤制的小方块肉可谓独具特色，其嫩若豆腐，色佳味长，且带汤销售，顾客购之，既可食肉，肉汤又可做制卤、煮面，味道异常鲜美，备受顾客的欢迎。这主要是他们选料讲究，调料精美，火候到家，卤汁精良。选肉时肥瘦不混，制作时按照部位，精剖细切，块小则嫌碎，块大不入味，刀法十分讲究。切片装盘，用刀轻轻一揉，即成花卉图案，观之令人赏心悦目。调料和卤汁则浓淡适宜，味多而不杂，色艳而不乌。

马汝忠传承与创新品种60余种，汴京火腿、腊肉、酥鸡、酥鱼、糟鸡、酱鸭、青酱肉、叉烧肉、玫瑰肠、水晶冻、醉河蟹、肉松等，均是上品。但是开封人最喜欢的还是他做的五香肘花、五香板肚、香肠等熟食。五香肘花，形如圆柱，色泽棕红油亮，肉质坚实细润，鲜嫩咸香可口。据说这道菜曾经招待过光绪皇帝和慈禧太后。选用新鲜猪前肘子为原料，配以花椒、砂仁、白糖、料酒等辅料制作而成。方法是：将猪肘剔除腿骨，偷刀将瘦肉片开，以保持肘皮完整；把白糖、砂仁放在一起揉于内，3～4小时后撒上精盐、椒粉入缸腌制，每天翻揉1次；继之入沸水氽，再将瘦肉及肌腱片掉，切成薄片；肘皮剥去皮下脂肪，同肉片一起整齐铺上，撒砂仁后，卷成直径三至四寸的圆柱形，用线扎牢，入老汤锅卤制；将姜片、料酒等掺入，武火攻沸，文火浸焖，出锅后复捆一次，凉透切成半圆形薄片装盘，即可食用。

马汝忠制作的五香板肚与众不同，因其刀断面呈红、白、黄、绿、褐5种颜色而成为五色板肚。马汝忠选取新鲜猪肚，再把精选猪肉剔除筋膜，切成丁状，佐以精盐、白糖、元油、料酒、硝和上等香料，经腌制后，配以香菜、松花蛋一起装入猪肚内，将切口封严，经卤制、重压、透晒后即为成品。食时需切片装盘，颜色棕黄光亮，味道咸甜适中、醇香味厚。

后 记

我一直觉得老家的地锅才是真正的地锅，城里那些打着"地锅"旗号开设的饭店都不那么正宗。就像阿Q进了几回城之后，发现用三尺三寸宽的木板做成的凳子，未庄人叫"长凳"，城里人却叫"条凳"；油煎大头鱼的时候，未庄都加上半寸长的葱叶，城里却加上切细的葱丝。又像沈从文坚持自己是个乡下人，"走到任何一处照例都带了一把尺、一根秤，和普通社会总是不合"。地锅是我少年时代珍贵的记忆，那里有袅袅炊烟，有五谷飘香。每一个家庭，可以没有自行车，必须得有地锅，厨房再简陋也无妨，地锅必须好用，柴火燃烧充分，不熏眼睛。

在我记忆中，良叔垒的地锅最好，小时候邻居经常请他垒地锅。家庭厨房一般是12印的大铁锅，买回铁锅之后，良叔总是习惯性地举起来对着太阳凝视一下，看有无砂眼儿，然后放置一边。和泥、搬运土胚，瓦刀叮叮咣咣忙活半天，再坐上铁锅，用泥抹粉一遍灶台，一层黄泥或者水泥，给土坯披上一个外衣，铁锅和灶台接口处用泥密封好之后，风箱接上即可使用。良叔的活儿好，省柴不说，关键是不熏眼睛，他垒的地锅颇受欢迎，可以用很多年。我家的地锅就是他垒的，已经用30年了，至今偶尔还在"服役"。

地锅是每一个乡下孩子最温暖的记忆，那种烟熏火燎的味道和体验不是煤气灶、电磁炉所能够给予的。烟油熏黑了厨房，却留住了乡恋，地锅恩养了家人，却开始逐渐淡出了人们的视线。物质生活匮乏的时代，地锅在母亲的巧手之下，变出很多花样，给我们提供最丰盛的三餐和营养。玉米面在母亲手中可以变成窝窝头，趁着热锅，在蒸汽弥漫中，和好的面团变成一个一个窝窝，立在篦子上，20分钟之后即成美味的食物。同样还是玉米面，母亲会做成焦锅饼，就是添半锅水，把锅烧热之后，把玉米面饼贴着锅沿整整齐齐排一圈，一面被烤成焦黄，嚼起来满口酥脆，一面被蒸成金黄，吃起来软而筋道。一张锅饼，两种风味，远远比现在饭店做的地锅饼好吃。我一直固执地认为，老家的那种做法才是地道的地锅饼。

每年的春节期间，是地锅最辛苦的时候，蒸馍、炸鱼、熬菜、下饺子等诸项工作都是由地锅承担。但就算再忙碌，锅台也总是被母亲打扫得一尘不染。而最近几年，因为母亲的离去，家中的地锅几乎闲置，但是物件还在，篦子、锅拍、风箱还在，每年父亲也会经常清扫尘埃。母亲不在了，地锅还在，家的感觉还在。我们的记忆就充满了烟火味道，我们的怀念就会朝着家的方向，我们的味蕾依然寻找当年的味道。

地锅仿佛一个时代的缩影，仿佛我们记忆中的乡愁。我们的方言，我们的习俗，我们的饮食，从古至今其实都是沿袭既往，代代相承的。所谓"美食风情"实为城市记忆，古城历史文化中的饮食文化是构成舌尖上的乡愁的重要组成部分。

本书得到了开封饮食文化专家、开封饮食博物馆馆主孙润田先生的指导。《汴梁晚报》专门开设"寻味开封"专栏，刊登了大量关于开封美食的文章。在此特向孙润田先生，报社的赵国栋先生及美女编辑王惠女士、龚龑女士表示感谢。开封，不但是繁华之城、文化名城、历史名城，更是美食之城。本书选取笔者在专栏发表的部分篇章，结集成册，向这座城市致敬。

刘海永

2017 年 5 月 10 日于开封